Bibliothek des Radio-Amateurs 22. Band
Herausgegeben von **Dr. Eugen Nesper**

Ladevorrichtungen und Regenerier-Einrichtungen der Betriebsbatterien für den Röhren-Empfang

Von

Friedrich Dietsche
Dipl.-Ingenieur

Mit 56 Textabbildungen

Berlin
Verlag von Julius Springer
1926

Alle Rechte, insbesondere das der Übersetzung
in fremde Sprachen, vorbehalten.

ISBN-13: 978-3-642-88907-3   e-ISBN-13: 978-3-642-90762-3
DOI: 10.1007/978-3-642-90762-3

Zur Einführung
der Bibliothek des Radioamateurs.

Schon vor der Radioamateurbewegung hat es technische und sportliche Bestrebungen gegeben, die schnell in breite Volksschichten eindrangen; sie alle übertrifft heute bereits an Umfang und an Intensität die Beschäftigung mit der Radiotelephonie.

Die Gründe hierfür sind mannigfaltig. Andere technische Betätigungen erfordern nicht unerhebliche Voraussetzungen. Wer z. B. eine kleine Dampfmaschine selbst bauen will — was vor zwanzig Jahren eine Lieblingsbeschäftigung technisch begabter Schüler war — benötigt einerseits viele Werkzeuge und Einrichtungen, muß andererseits aber auch ein guter Mechaniker sein, um eine brauchbare Maschine zu erhalten. Auch der Bau von Funkeninduktoren oder Elektrisiermaschinen, gleichfalls eine Lieblingsbetätigung in früheren Jahrzehnten, erfordert manche Fabrikationseinrichtungen und entsprechende Geschicklichkeit.

Die meisten dieser Schwierigkeiten entfallen bei der Beschäftigung mit einfachen Versuchen der Radiotelephonie. Schon mit manchem in jedem Haushalt vorhandenen Altgegenstand lassen sich ohne besondere Geschicklichkeit Empfangsresultate erzielen. Der Bau eines Kristalldetektorenempfängers ist weder schwierig noch teuer, und bereits mit ihm erreicht man ein Ergebnis, das auf jeden Laien, der seine ersten radiotelephonischen Versuche unternimmt, gleichmäßig überwältigend wirkt: Fast frei von irdischen Entfernungen, ist er in der Lage, aus dem Raum heraus Energie in Form von Signalen, von Musik, Gesang usw. aufzunehmen.

Kaum einer, der so mit einfachen Hilfsmitteln angefangen hat, wird von der Beschäftigung mit der Radiotelephonie loskommen. Er wird versuchen, seine Kenntnisse und seine Apparatur zu verbessern, er wird immer bessere und hochwertigere Schaltungen ausprobieren, um immer vollkommener die aus dem Raum kommenden Wellen aufzunehmen und damit den Raum zu beherrschen.

Diese neuen Freunde der Technik, die „Radioamateure", haben in den meisten großzügig organisierten Ländern die Unterstützung weitvorausschauender Politiker und Staatsmänner gefunden unter dem Eindruck des universellen Gedankens, den das Wort „Radio" in allen Ländern auslöst. In anderen Ländern hat man den Radioamateur geduldet, in ganz wenigen ist er zunächst als staatsgefährlich bekämpft worden. Aber auch in diesen Ländern ist bereits abzusehen, daß er in seinen Arbeiten künftighin nicht beschränkt werden darf.

Wenn man auf der einen Seite dem Radioamateur das Recht seiner Existenz erteilt, so muß naturgemäß andererseits von ihm verlangt werden, daß er die staatliche Ordnung nicht gefährdet.

Der Radioamateur muß technisch und physikalisch die Materie beherrschen, muß also weitgehendst in das Verständnis von Theorie und Praxis eindringen.

Hier setzt nun neben der schon bestehenden und täglich neu aufschießenden, in ihrem Wert recht verschiedenen Buch- und Broschürenliteratur die „Bibliothek des Radioamateurs" ein. In knappen, zwanglosen und billigen Bändchen wird sie allmählich alle Spezialgebiete, die den Radioamateur angehen, von hervorragenden Fachleuten behandeln lassen. Die Koppelung der Bändchen untereinander ist extrem lose: jedes kann ohne die anderen bezogen werden, und jedes ist ohne die anderen verständlich.

Die Vorteile dieses Verfahrens liegen nach diesen Ausführungen klar zutage: Billigkeit und die Möglichkeit, die Bibliothek jederzeit auf dem Stande der Erkenntnis und Technik zu erhalten. In universeller gehaltenen Bändchen werden eingehend die theoretischen Fragen geklärt.

Kaum je zuvor haben Interessenten einen solchen Anteil an literarischen Dingen genommen, wie bei der Radioamateurbewegung. Alles, was über das Radioamateurwesen veröffentlicht wird, erfährt eine scharfe Kritik. Diese kann uns nur erwünscht sein, da wir lediglich das Bestreben haben, die Kenntnis der Radiodinge breiten Volksschichten zu vermitteln. Wir bitten daher um strenge Durchsicht und Mitteilung aller Fehler und Wünsche.

Dr. **Eugen Nesper.**

Vorwort.

Für den Röhrenempfang sind die erforderlichen Stromquellen immer noch von größter Wichtigkeit. Eine mindestens ebenso wichtige Rolle spielen aber auch die Einrichtungen und Vorrichtungen, die dazu dienen, die Batterien zur Röhrenspeisung auf ihrer vollen Leistungsfähigkeit zu erhalten. Das sind die Ladevorrichtungen und Regeneriereinrichtungen für die sekundären und primären Elemente.

Das vorliegende Buch soll nicht nur den Radio-Amateur, sondern auch den Rundfunkabonnenten in allen Fragen, welche mit den Stromquellen zusammenhängen, beraten, und ihm insbesondere Mittel und Wege zeigen, den Betrieb seiner Batterie am wirtschaftlichsten und sichersten zu ermöglichen.

Es wurden alle theoretischen Erörterungen über Elemente und Akkumulatoren vermieden, da sie schon ausführlich in dem 6. Band der Bibliothek des Radioamateurs: Spreen, Stromquellen für den Röhrenempfang, niedergelegt sind.

Es wurde bei der Abfassung der nachstehenden Ausführungen der größte Wert darauf gelegt, mit einfachen und billigen Mitteln die Instandhaltung der Batterien zu bewerkstelligen, und die entstehenden Ausgaben durch größte Wirtschaftlichkeit möglichst klein zu halten. Dadurch ist vor allem Anregung für das Selbstherstellen gegeben, was wiederum ein eingehendes Verständnis für die Vorgänge voraussetzt und zum Weiterstudium anregt.

Wohl werden noch manche Schwierigkeiten sich bei der Ausführung ergeben und es wird noch manches Kopfzerbrechen kosten, um allen Eventualitäten gerecht zu werden, aber mit dem Eindringen in die Materie wächst auch das Verständnis und die Befähigung, der auftretenden Schwierigkeiten Herr zu werden.

Es konnte auf manches nicht so ganz ausführlich eingegangen werden, um nicht zu weit vom Thema abzuschweifen. Auskunft über eingehendere theoretische Fragen geben gute Lehrbücher der Elektrotechnik, und über die Vorgänge in den Primärelementen Lehrbücher der Chemie und der Physik.

Die vorliegenden Ausführungen sollen dem ernsten Funkfreund vor allem Anregung geben und Wege zu einem Ziele zeigen.

Karlsruhe, im November 1925.

Diplom-Ing. **Friedrich Dietsche.**

A. Einleitung.

Zu dem hochwertigen Rundfunk-Empfangsgerät zählt man in erster Linie das Röhrengerät. Auch der Detektorempfänger muß, um in seiner Wirkung vorteilhaft verstärkt zu werden, mit Röhrenverstärkern zusammengeschlossen werden. Zum Betrieb der Röhrenempfänger sind nun immer noch Stromquellen erforderlich, und zwar je eine besondere Stromquelle zur sogenannten Beheizung der Röhren, meist eine Batterie, die nur eine Spannung von wenigen Volt aufweist, etwa 2—6 Volt, und für Lieferung der Anodenspannung eine Batterie, die sich etwa in den Werten zwischen 10—100 Volt hält.

Als Heizbatterie verwendet man meist die sekundären Elemente, die sogenannten Akkumulatoren, während als Anodenbatterie viel die Kastenbatterien benutzt werden, die aus einzelnen kleinen Trockenelementen zusammengesetzt sind. Letztere nennt man auch primäre Elemente.

Wohl haben auch Trockenelemente, als primäre Elemente, zur Beheizung Eingang gefunden, besonders nachdem die modernen, stromsparenden Röhren auf dem Markt erschienen sind; auch sogenannte „nasse" primäre Elemente fanden Verwendung, doch wird mit Vorliebe immer noch der Akkumulator zur Heizung verwandt. Und das hat seine gewisse Berechtigung.

Der Akkumulator ist, wenn er richtig dimensioniert, gut geladen und vor allem richtig behandelt wird, immer noch die konstanteste, verläßlichste und damit günstigste Stromquelle. Die primären Elemente, ganz gleich, ob Trockenelement oder nasses Element, haben auch bei bester Ausführung nicht diese Konstanz wie der Akkumulator. Letzterer hat bei annähernd fast konstanter Spannung immer die gleichmäßige und bis zu seiner Erschöpfung anhaltende Stromstärke, die sich bis zu einem gewissen Grade nach der äußeren Belastung ziemlich einstellt, ohne die im Elemente herrschende Spannung wesentlich zu beeinflussen. Man hat also eine gewisse Konstanz der Verhältnisse, das heißt eine gleichmäßig andauernde Stromstärke bei gleichmäßiger Spannung. Damit herrschen immer gleiche Verhältnisse an den Heizklemmen der Röhren, und letztere werden gleichmäßig beansprucht und auch abgenutzt. Der Heizregulierwiderstand braucht wohl kaum in Tätigkeit versetzt zu werden. Man hat immer die gleichen Grundverhältnisse und damit auch keine Veränderung beim Empfang.

Ganz anders verhalten sich die sogenannten Primärelemente, gleichgültig, ob man es mit Trockenelementen, nassen Elementen, oder den sogenannten Naß-Trockenelementen, einem Zwischending zwischen nassen und trockenen Elementen, zu tun hat. Auch das beste Primärelement ist nicht konstant, d. h. immer werden sehr große Unterschiede in Spannung und Stromstärke auftreten. Sowie nämlich das Element mit einem Energieverbraucher belastet wird, also beim Rundfunkempfangsgerät mit den verschiedenen Röhren bzw. dem stromverbrauchenden Heizfaden, sinkt es ziemlich schnell in der Spannung. Dies kommt daher, daß im Laufe des Verbrauches die im Element stattfindende Umsetzung chemischer Natur, die ja bekanntlich allein die elektrische Energie erzeugt, nicht mehr in der Lage ist, die nötigen Elektrizitätsmengen zu erzeugen, bzw. zum Fließen zu bringen. Der Druck oder Potentialunterschied läßt bedeutend und vor allem sehr schnell nach, und damit sinkt auch die Spannung ganz proportional. Wird nun das Element abgeschaltet, also der Verbraucher durch Unterbrechung des Stromkreises von der Stromquelle getrennt, hat die im Element stattfindende chemische Umsetzung, die auch im unbelasteten Zustande des Elementes ständig vor sich geht, Zeit, neue Elektrizitätsquantitäten oder -mengen zu erzeugen, damit wächst auch, da der Abfluß dieser Elektrizitätsmengen durch Unterbrechung der Verbindung im Stromkreise gestört ist, deren Druck gegenseitig, es wird also die eigentliche Spannung im Element wesentlich steigen. Man wird also an den Klemmen der Stromquelle beim Wiedereinschalten eine bedeutend höhere Spannung vorfinden als vorher; der Heizwiderstand muß also frisch einreguliert werden, d. h. man muß mehr Widerstand einschalten, um die gleichen Verhältnisse wie vorher zu schaffen, wird aber auch bald merken, daß das Element in seiner Wirksamkeit wieder sehr schnell nachläßt. Diese Inkonstanz macht sich natürlich beim Empfang recht unangenehm bemerkbar, besonders leiden durch

Einleitung. 3

diese Spannungsschwankungen sehr die sogenannten „Thorium-Oxydröhren". Diese Röhren sind sehr empfindlich gegen Überhitzung, also das Anlegen einer zu hohen Spannung an ihren Heiz-Anschlüssen. Das auf den Heizfaden aufgetragene Thorium verdampft, die Emission der Röhre wird immer geringer, und ihre Wirksamkeit läßt sehr nach, um schließlich ganz aufzuhören; die Röhre ist unbrauchbar geworden; sie hat unter der in allzu großen Grenzen liegenden Heizspannung Schaden genommen. Eine Regenerierung der Röhre ist meist auch nicht mehr möglich, man muß die ganze Röhre durch eine neue ersetzen.

In der Abb. 1 sind zwei Entladungskurven, und zwar je eine von einem primären bzw. einem sekundären Element einander gegenübergestellt.

Entlade-Spannungs-Kurve eines Akkumulators (abhängig von der Zeit).

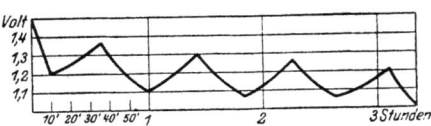
Entlade-Spannungs-Kurve eines Primär-Elementes (abhängig von der Zeit).

Abb. 1.

Betrachtet man diese beiden Entladungskurven, so fällt sofort deren große Verschiedenheit auf. Die eine Kurve, die des primären Elementes, zeigt einen vollkommen unstetigen Verlauf, sie weist Sprünge, sogenannte „Spitzen" auf, die zwischen den beiden Endwerten, dem Maximal- und dem Minimalwert recht beträchtliche Größenunterschiede aufweisen, was „elektrisch" ausgedrückt wiederum recht große Spannungsdifferenzen besagt. Im Verlauf der Entladungskurve des primären Elementes ist also, wie man zu sagen pflegt, eine sehr große „Unstetigkeit" vorhanden, das heißt die Energieabgabe ist über eine gewisse Zeit hinweg nichts weniger als gleichmäßig, was für die Beheizung der Röhren der Empfangsapparate keineswegs von Vorteil ist, und auch niemals gute Empfangsresultate geben wird. Man hat es daher ständig mit geänderten Verhältnissen zu tun, die sich vorher nie oder nur sehr schwer überblicken lassen.

Ganz anders liegen die Verhältnisse beim sekundären Element, dem Akkumulator. Betrachten wir seine Entladungskurve, so zeigt sich sofort, im Gegensatz zu der des primären Elementes eine große Stetigkeit im Verlauf. Wohl nimmt auch beim Akkumulator nach einer bestimmten Zeitspanne die Spannung ab, aber das Absenken der Spannung ist ein fortdauerndes und allmähliches. Die Kurve zeigt keinerlei Sprünge und Spitzen, sie senkt sich ziemlich gleichmäßig; die Entladespannung sinkt langsam und gleichmäßig von einem höchsten Wert auf einen bestimmten Minimalwert, den man nie unterschreiten soll, um den Akkumulator nicht zu schädigen. Diese unterste Grenze liegt beim Blei-Akkumulator etwa bei 1,75 Volt. Mit dieser stetigen Absenkung der Spannung ist gepaart eine Stetigkeit in der Stromstärke. Das Element gibt dauernd eine gleichmäßige Stromstärke ab, bis zu seiner völligen Entladung, die man aber tunlichst vermeiden soll. Als Regel merke man sich: Ist die Entladespannung von 1,75 Volt erreicht, dann muß man die Entladung unterbrechen. Weiteres Entladen schadet dem inneren Gefüge des Elementes und bewirkt ein sehr schnelles Sinken der Spannung, dem die völlige Entladung der Zelle dann sehr schnell folgt.

Diese große Regelmäßigkeit in der Energieabgabe ist einer der wesentlichsten Vorzüge des sekundären Elementes, auch „Sammler" genannt. Wohl stehen diesen Vorzügen auch Nachteile gegenüber, diese sollen jedoch später noch genauer behandelt werden. Kurz mögen einige dieser Nachteile jetzt schon berührt werden.

Beim primären Element, also hauptsächlich beim Trockenelement, zeigt sich das Ende der Energielieferung schon reichlich vorher dadurch an, daß zunächst die Spannung, gleich nach der Einschaltung des Verbrauchers, beträchtlich sinkt. Das Element muß immer länger „stehen", also nicht eingeschaltet sein, um sich wieder soweit zu „erholen", daß es wieder Energie abgeben kann. Schließlich wird die Energieabgabe so gering, daß man das Element auswechseln muß, das Element ist verbraucht. Dies wird vor allem sehr schnell der Fall sein, wenn Trockenelemente als Heizelemente in Mehrröhrenapparaten verwandt werden. Eine Spannungsmessung unter „Belastung", also bei eingeschalteten Verbrauchern in Gestalt von „Röhren" zeigt sofort den Energielieferungszustand des Elementes an. Durch Auswechselung des Elementes ist der Schaden allerdings schnell behoben.

Die sekundären Elemente, also die Akkumulatoren, zeigen in dieser Hinsicht sehr stabile Verhältnisse. Sie liefern bei annähernd derselben Spannung lange die gleiche Stromstärke, die abgegebene

Energiemenge bleibt konstant, eine Messung der Spannung zeigt auch unter großer Belastung kaum ein Absinken. Voraussetzung ist dabei natürlich, daß der Akkumulator nicht überlastet, also für die angeschlossenen Verbraucher groß genug dimensioniert ist. Doch davon noch später. Ganz plötzlich aber hört die Energielieferung auf, ohne besondere Vorzeichen, die Spannung sinkt rapid und das Element hat den Zustand der Entleerung erreicht. Wohl lassen sich die sekundären Elemente wieder „aufladen", d. h., man kann sie wieder in den früheren Zustand der guten und konstanten Energielieferung versetzen, doch ist diese Prozedur immerhin mit gewissen Umständen verknüpft, auch ist hierzu eine gewisse Zeit erforderlich. Schließlich ist der Akkumulator auch ein etwas empfindlicher Apparat, der hinsichtlich Wartung, Instandhaltung, Behandlung und Pflege etwas anspruchsvoll ist, wenn er lange Zeit seine gute Wirksamkeit beibehalten soll. Auch gehört die für das Element nötige Füllsäure mit ihrer zerstörenden Wirkung beim Verschütten, Verspritzen, oder Auslaufen nicht gerade zu den Annehmlichkeiten eines „Salonmöbelstückes". Schließlich hat er im Verhältnis zu seiner Leistung, in diesem Falle auch Kapazität genannt, doch ein ziemliches Gewicht, dem die gebräuchlichsten und guten „Markenfabrikate" an Trockenelementen manchmal recht beträchtlich nachstehen. Den Mangel des zu großen Gewichtes haben jedoch nur die Bleiakkumulatoren, die nach anderem Prinzip arbeitenden Nickel-Eisen-Akkumulatoren sind in bezug auf das Gewicht bedeutend leichter, haben dafür aber wieder andere Nachteile, in erster Linie den der geringeren Spannung pro Zelle, wodurch man wieder mehr Zellen aufwenden muß, um die gleiche Spannung zu erreichen, außerdem ist der Preis erheblich höher wie beim Blei-Akkumulator, auch weiter ungünstig beeinflußt durch den Mehraufwand an Zellen.

Nachstehend sollen nun in den Hauptabschnitten die näheren Einzelheiten behandelt werden, wie man nach Erschöpfung der Elemente, seien es nun primäre oder sekundäre, dieselben wieder in den alten Zustand der guten und lückenlosen Energielieferung versetzt, um sich ihrer wiederum zur Speisung der Röhren für den Rundfunkempfang zu bedienen. Es ist dieser Sache, im Interesse einer guten Funktion der Empfangsapparate eine recht große Bedeutung beizumessen und große Sorgfalt darauf zu verwenden.

B. Ladevorrichtungen und Regeneriereinrichtungen.

1. Allgemeines.

Man hat in bezug auf die für den Rundfunkbetrieb erforderlichen Stromquellen zwei grundlegende Unterscheidungen zu machen; nämlich die Scheidung dieser Stromquellen in primäre und sekundäre Elemente. Kurz sei im nachstehenden noch auf die prinzipiellen Unterschiede eingegangen. Unter primären Elementen versteht man im allgemeinen solche, die aus sich heraus, meist durch chemische Umsetzung die elektrische Energie erzeugen, also von außen her keinerlei Vorbehandlung nötig haben, um in der Lage zu sein, Strom abzugeben. Diese Stromabgabe dauert natürlich eine gewisse Zeit, bis der chemische Umsetzungsprozeß stattgefunden hat, um dann aber endgültig aufzuhören. Man sagt dann, das Element ist verbraucht, seine Kapazität erschöpft, man wird in den meisten Fällen mit einem derartigen Element nichts anderes mehr machen können, als es gegen ein neues umzutauschen. Man hat wohl die Bequemlichkeit der Bereitschaft zur Stromabgabe, aber nur über eine geringe Zeit und nicht mit derselben Stärke, die Energieabgabe nimmt bald sehr wesentlich ab.

Unter sekundären Elementen versteht man solche, denen erst von außen her elektrische Energie zugeführt werden muß, damit sie in der Lage sind, während einer gewissen Zeit elektrische Energie abzugeben. Man muß ein solches Element erst aufladen, also gewissermaßen erst mit Strom auffüllen, elektrische Energie in ihm aufspeichern, damit man später in der Lage ist, aus einem solchen Element wiederum elektrische Energie zu entnehmen. Ein derartiges Element ist gewissermaßen ein Gefäß, in dem elektrische Energie angesammelt wird, daher wird es auch Sammler oder mit dem Fremdwort „Akkumulator" genannt. Da zum Betrieb der Röhrenempfänger heute in allererster Linie zur Röhrenbeheizung Akkumulatoren verwandt werden, soll mit den sekundären Elementen zuerst begonnen werden, vor allem aber mit den Vorrichtungen zur Aufladung.

2. Ladevorrichtungen.

a) für Gleichstrom: Bevor auf Einzelheiten der Ladevorrichtungen näher eingegangen wird, soll die Wirkungsweise und das Wesen des Akkumulators noch kurz erläutert werden:

Stellt man zwei mit verschiedenen Bleisalzen pastierte Bleiplatten oder Bleigitter in ein Gefäß mit verdünnter Schwefelsäure und leitet durch Platten und Säure einen elektrischen Strom, so wirkt dieser auf die Bleisalze in der Weise ein, daß er diese Salze umbildet, sie werden gewissermaßen in ihre ursprünglichen Bestandteile aufgelöst, verbinden sich auf andere Weise und bilden dadurch andere Zusammensetzungen. Schließt man nun die Bleiplatten über einen Stromverbraucher kurz, so erfolgt wiederum eine Umbildung im Element, die Bleisalze bilden sich fast in ihren ursprünglichen Zustand zurück. Bei dieser Rückbildung geben die Bleisalze den aufgenommenen Strom, also ihre sogenannte Ladung mit nur geringen Verlusten (ca. $10^0/_0$) zurück. Die Bleisalze haben also den in sie geleiteten elektrischen Strom aufbewahrt, ihn gesammelt. Daher auch der Name Sammler für diese Art Elemente.

Die Aufnahmefähigkeit eines Akkumulators an elektrischer Energie bezeichnet man nun mit ,,Kapazität". Sie ergibt sich aus dem Produkt der Stromstärke (in Ampere gemessen) des Entladestromes und der Anzahl der Stunden, über die sich die Entladung erstreckt, und wird in ,,Amperestunden" ausgedrückt. Die Kapazität einer Zelle ist abhängig von der Zahl und Größe der positiven Platten, auch positive Elektroden genannt. Bezüglich näherer Einzelheiten sei auf Band 6 der Bibliothek des Radioamateurs: Spreen: Stromquellen für den Röhrenempfang, verwiesen.

Nicht unerwähnt bleibe in diesem Zusammenhang eine andere Art von sekundärem Element, der Nickel-Eisen-Akkumulator, auch Edison-Akkumulator genannt. Hier bestehen die beiden Elektroden nicht aus Bleiplatten mit verschiedenen Bleisalzen, sondern aus Nickel mit aktiver Masse in Gestalt von Nickelhydroxyd bzw. reinem Eisen mit aktiver Masse in Gestalt von Eisenoxyd.

Die Nickel-Eisen-Akkumulatoren haben vor den Blei-Akkumulatoren gewisse Vorteile, die hauptsächlich darin bestehen, daß sie fast oder gar keine Selbstentladung haben; sie sind nicht empfindlich gegen zu starkes Laden und Überladen; desgleichen sind sie nicht empfindlich gegen Überlastung und Kurzschluß. Man kann ferner ohne Schaden für die Zelle Ladung und Entladung recht unregelmäßig vornehmen; bzw. die Zelle bis auf Null

8   Ladevorrichtungen

entladen und in ungeladenem Zustand ruhig stehen lassen. Durch den Einbau der Platten in geschweißte Eisen- bzw. Stahlblechgefäße sind die Zellen äußerst robust und unempfindlich gegen Erschütterung und rohe Behandlung.

Als Nachteil gegen den Blei-Akkumulator ist zu nennen der recht bedeutend höhere Preis und dann die geringere Spannung. Der Nickel-Eisen-Akkumulator hat eine Spannung von ca. 1,2 Volt gegenüber rund 2,1 Volt beim Blei-Akkumulator. Aber auch der Nickel-Eisen-Akkumulator bedarf gewisser Pflege, doch davon später.

Bezüglich näherer Einzelheiten auch über diese Elemente sei hier nochmals auf das Bändchen: Spreen: Stromquellen für den

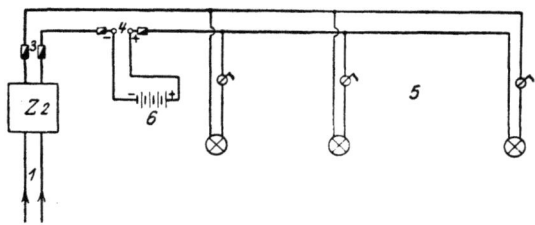

Abb. 2. Wirtschaftliche Ladeeinrichtung bei Gleichstrom (im Anschluß an das Lichtnetz).
1. Zuleitung.   2. Zähler.   3. Hauptsicherung.   4. Zweipolig gesicherte Steckdose.
5. Lichtnetz der Wohnung (Lampen mit Schalter).   6. Akkumulatorenzellen zum Laden
angeschlossen.

Röhrenempfang, hingewiesen. Es sind dort auch theoretische Einzelheiten über die Sammler und ihre Wirkungsweise niedergelegt.

Nach dieser allgemeinen Bemerkung sollen nun eingehend die Ladevorrichtungen für diese sekundären Elemente, hauptsächlich Ladevorrichtungen zum Selbstbau beschrieben werden.

Steht Gleichstrom im Lichtnetz zur Verfügung, so können die Heizbatterien ohne weiteres aus der Lichtleitung mit Strom wieder aufgeladen werden. Dabei ist natürlich darauf zu achten, daß der Akkumulator vor allem an den Polen richtig und nie ohne Vorschaltwiderstand an das Lichtnetz angeschlossen wird. Nähere Einzelheiten auch über entsprechende Ladeeinrichtungen finden sich in dem Bändchen Spreen: Stromquellen. Nun wird aber der Funkfreund diese Ladung so wirtschaftlich wie möglich durchführen wollen. Dies läßt sich erreichen unter Zuhilfenahme der Schaltung nach Abb. 2. Man benutzt dabei als Vorschaltwiderstand die jeweils brennenden Lampen in der Wohnung selbst. Dies wird dadurch erreicht, daß man, wie aus dem Schaltschema in der Abbildung ersichtlich, gleich hinter der Hauptsicherung den einen Leitungsdraht abklemmt und ihn zum einen Pol einer gesicherten Steckdose führt, während der zweite Pol der Steckdose zur Klemme der Hauptsicherung führt, an der der vorstehend beschriebene Draht abgeklemmt wurde. Die einzelnen Lampen des Lichtnetzes werden bei Einschaltung nur dann brennen, wenn in die vorerwähnte Steckdose ein Stecker eingeführt wird, dessen beide Zuleitungsenden mit den Klemmen des Akkumulators verbunden sind. Man erreicht dadurch, daß der gesamte in der Wohnung verbrauchte Strom durch den Akkumulator geht und ihn auflädt. Je nachdem nun mehr oder weniger Lampen brennen, wird die Ladestromstärke in dem Akkumulator steigen oder fallen, er wird also schneller oder langsamer sich aufladen. Meist werden ja heutzutage in den Beleuchtungskörpern Metallfadenlampen benutzt, die ohnehin schon einen geringen Stromverbrauch haben, so daß kaum zu befürchten ist, daß der Akkumulator durch zu starken Ladestrom Schaden leidet. Im Gegenteil, die Auflading wird, wenn nur wenige Lampen des Abends gebrannt werden, geraume Zeit in Anspruch nehmen. Es dürfte sich daher empfehlen, eine Reserveheizbatterie sich noch anzuschaffen, damit immer eine frisch geladene Batterie bei Bedarf zur Verfügung steht. Man wird selbstverständlich auch bei dieser Schaltung nur eine geringe Anzahl von Elementen laden können. Man soll im allgemeinen über 3 Zellen nicht hinausgehen, da sich in normalbelasteten Lichtnetzen kaum eine größere Spannungsdifferenz als ca. 10—15 Volt für Aufladung von Akkumulatoren ausnutzen läßt. Die Glühbirnen werden wohl um ein geringes dunkler brennen, da ja der Widerstand der einzelnen, zur Ladung angeschlossenen Akkumulatorzellen ihnen vorgeschaltet ist, aber diese Abnahme an Helligkeit bei der Glühlampe wird in den allerseltensten Fällen zu merken sein. Man muß natürlich vor Anschluß des Akkumulators genau die Polarität der Anschlußstelle bzw. der Steckdose prüfen und die Polenden entsprechend markieren, um zu vermeiden, daß der Akkumulator an die falschen Pole angeschlossen wird. Sind aber die Leitungsenden einmal richtig bezeichnet, wird kaum mehr eine Verwechslung möglich sein; besonders dann nicht, wenn als Anschluß eine unverwechselbare Steckdose mit unverwechselbarem Stecker verwandt wird.

Im Falle, daß kein Akkumulator an die Lichtleitung angeschlossen ist, muß die Anschlußsteckdose für den Akkumulator überbrückt werden, sonst ist ja die Zuleitung zu den einzelnen Brennstellen in der Wohnung in einem Pol unterbrochen. Dies geschieht am besten mit Hilfe eines Steckers, dessen beide Stifte durch einen Draht oder ein Blechstäbchen kurzgeschlossen sind, und der in die Steckdose eingeführt wird. Abb. 3 zeigt die Ausführung eines derartig modifizierten Steckers.

An Stelle der Steckdose kann auch ein einpoliges Sicherungselement Verwendung finden, in welches man einen Kontaktstöpsel, auch Einschraubstöpsel genannt, einschraubt. Die beiden Pole dieses Stöpsels sind mit Leitungsschnüren verbunden, die ihrerseits wieder an die Klemmen des Akkumulators angeschlossen werden. Im Falle, daß, wie im vorigen Absatz angegeben, die Lichtleitung betriebsbereit sein soll, ohne daß ein Akkumulator angeschlossen ist, ersetzt man den Einschraubstöpsel tunlichst durch einen normalen Sicherungsstöpsel entsprechender Stärke, in den meisten Fällen wird dies ein 6-Amp.-Stöpsel sein, selten ein solcher mit 10 oder gar 15 Ampere.

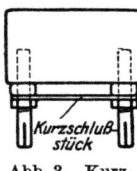

Abb. 3. Kurzschluß-Stecker.

Es empfiehlt sich immer, um vor unliebsamen Zwischenfällen geschützt zu sein, die Leitungen zur Ladestelle bzw. die Anschlußstellen für die Ladung doppelpolig abzusichern. Durch falsche Schaltung, unbeabsichtigtes Zusammenkommen zweier Leitungen könnten Kurzschlüsse entstehen, die die ganze Anlage schwer schädigen. Es sei auch streng darauf hingewiesen, daß die ganzen Zuleitungen zur Ladestelle und diese selbst fest und dauerhaft, entsprechend den Verbands- und sonstigen Vorschriften des stromliefernden Elektrizitätswerkes verlegt sein müssen. Man wird daher gut daran tun, diese Arbeit durch einen konzessionierten Elektro-Installateur ausführen zu lassen.

Sehr bequem ist die Verwendung von sogenannten „Automaten" an Stelle der Sicherungsstöpsel. Man wird bei irgendeinem Zufall, der die Sicherung ausgelöst hätte, nicht den Verlust eines oder gar mehrerer Sicherungsstöpsel zu beklagen haben, sondern man kann die Automaten nach erfolgter Auslösung immer wieder einschalten und neu gebrauchen. Man wird also kaum in die Verlegenheit kommen, schließlich alle Sicherungen verbraucht zu haben und damit ohne Licht zu sein.

Man muß aber streng darauf achten, daß man gute und zuverlässig arbeitende Sicherungsautomaten bekommt, vor allem solche, die von seiten des stromliefernden Werkes auch zugelassen sind. Hier wird auch wieder der konzessionierte Elektro-Installateur am besten beraten können. Man kann, wie die Erfahrung gezeigt hat, nie vorsichtig genug sein im Experimentieren an Lichtanlagen, um schwere Schäden und Unfälle zu vermeiden.

b) **für Wechselstrom:** In weitaus den meisten Fällen steht aber im Lichtnetz nicht Gleichstrom zur Verfügung, sondern bei

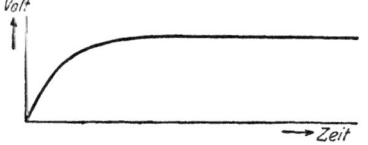

Abb. 4. Spannungs-Kurve eines von Akkumulatoren gelieferten Gleichstromes.

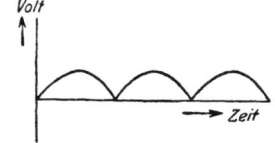

Abb. 5. Spannungskurve eines gleichgerichteten Wechselstromes.

der allgemeinen Verbreitung der Großkraft- und Überlandwerke Wechsel- bzw. Drehstrom. Damit kann man nun natürlich einen Akkumulator nicht aufladen, wie ausführlich in dem Bändchen Spreen: Stromquellen, dargelegt ist. Man muß den Wechsel- bzw. Drehstrom, der in Wirklichkeit nichts anderes ist, als eine Verkettung von mehreren Wechselströmen, erst gleichrichten, wobei es keineswegs darauf ankommt einen völlig ausgeglichenen Gleichstrom zu erhalten, wie ihn die Kurve in Abb. 4

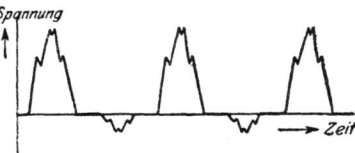

Abb. 6. Spannungskurve eines Glimmröhren-Gleichrichters.

darstellt, es genügt auch ein Gleichstrom der Art, wie in Abb. 5 dargestellt, der in Wirklichkeit nichts anderes ist als ein Wechselstrom, dessen eine entgegengesetzte Halbwelle unterdrückt ist. Zum Akkumulatorenladen genügt auch schon ein Wechselstrom, der zum mindesten ein Plus auf der einen Halbwelle gegenüber der anderen aufweist, also etwa ein Wechselstrom, den man durch die in Abb. 6 dargestellte Kurve kennzeichnen kann. Alle Arten von Gleichstrom, seien sie nun in Maschinen erzeugt, durch Gleichrichter aus Wechsel- bzw. Drehstrom umgeformt, sind keine eigentlichen Gleichströme, sondern nur gleichgerichtete Wechselströme, also Wechselströme, deren eine Halbwelle entweder künstlich unterdrückt ist, oder aber ein bedeutendes Plus gegenüber der anderen Halbwelle aufweist.

In vorstehend schon mehrmals genanntem Buch: Spreen: Stromquellen, sind ausführlich die einzelnen Arten und Typen von Gleichrichtern beschrieben. Diese Gleichrichter arbeiten alle außerordentlich zuverlässig und exakt, sind aber demgemäß auch entsprechend teuer. Ein solcher Gleichrichter stellt sich billigstens immerhin auf ca. 80—120 Goldmark. Das ist aber eine Ausgabe, die sich mancher Funkfreund doch recht schwer überlegt. Man kann aber auch mit viel weniger Mitteln sich einen recht brauchbaren Gleichrichter bauen. Nachstehend seien nun zwei Gleichrichtertypen beschrieben, die sich recht gut zum Selbstbau eignen. Die Beschreibung enthält gleichzeitig die Anleitung zum Bau der einfachsten Formen dieser Gleichrichter.

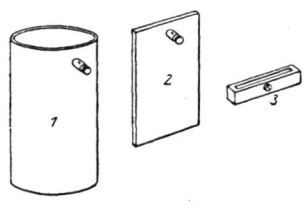

Abb. 7. Elektrolytische Zelle nach Graetz (Einzelteile). 1. Weißblechgefäß mit Klemme. 2. Aluminiumplatte mit Klemme. 3. Isolierstück mit Schlitz zur Aufnahme der Aluminiumplatte

Der am einfachsten herzustellende Gleichrichter ist der elektrolytische; die sogenannte Graetzsche Zelle. In ihrer einfachsten Form wäre sie so herzustellen, daß in eine gut gereinigte Weißblechkonservenbüchse isoliert eine Aluminiumplatte oder ein Aluminiumblechstab oder -Rohr eingehängt wird. Als Isolation kann gut ein in Paraffin gekochtes Holzbrettchen oder zwei zusammengeschraubte Holzleisten dienen, die das Aluminiumstück zwischen sich einklemmen. Als Elektrolyt dient eine Salzlösung, am besten eine Sodalösung in folgender Konzentration: 1 Teil Salz auf ca. 10 Teile Wasser. Abb. 7 zeigt die Einzelheiten einer derartigen Zelle, Abb. 8 die zusammengesetzte Zelle. Abb. 9 zeigt eine anschlußfähige Ladeeinrichtung mit Glühlampe als Vorschaltwiderstand.

Man kann nun auch in wirtschaftlicher Weise Akkumulatoren laden, indem man die gleiche Schaltung benutzt wie beim Gleichstrom, also wie in Abb. 2, nur mit dem Zusatz, daß man vor den Akkumulator noch die Gleichrichterzelle zu schalten hat. Das veränderte bzw. zusätzliche Schema zeigt Abb. 10, man wird aber noch ferner gut daran tun, nicht den gesamten, für Beleuchtung einer Wohnung benötigten Strom durch die Gleichrichterzelle zu leiten; denn in ihr wird ja, durch die Ventilwirkung der Zelle, die eine Halbwelle vollkommen unterdrückt, was sich bei der Beleuchtung in der Helligkeit und in der Ruhe des Brennens sehr unangenehm bemerkbar macht. Man wird also möglichst den Gleichrichter an solche Lampengruppen bzw. Stromkreise schalten, die weniger wichtige Beleuchtungskörper bzw. Brennstellen umfassen.

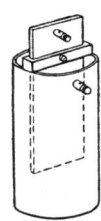

Abb. 8. Elektrolytische Zelle nach Graetz (zusammengesetzt).

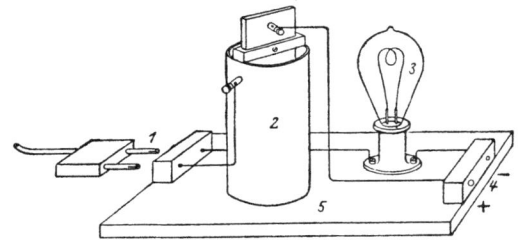

Abb. 9. Einfache Ladeeinrichtung für Akkumulatoren im Anschluß an Wechselstrom. 1. Wechselstrom-Anschluß. 2. Elektrolytische Gleichrichter. 3. Glühlampe als Vorschaltwiderstand. 4. Gleichstrom-Anschluß für den Anschluß der zu ladenden Akkumulatoren. 5. Grundbrett zur Unterbringung der Apparate.

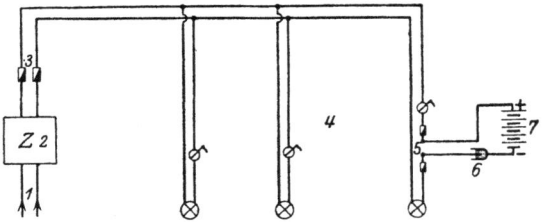

Abb. 10. Akkumulatoren-Ladung aus dem Wechselstrom-Lichtnetz unter Benutzung einer elektrolytischen Zelle. 1. Zuleitung. 2. Zähler. 3. Hauptsicherung. 4. Lichtnetz der Wohnung (Lampen mit Schalter). 5. Zweipolig gesicherte Steckdose zum Anschluß der Gleichrichter-Anlage. 6. Elektrolytischer Gleichrichter (Graetzsche Zelle). 7. Akkumulatorenbatterie zur Ladung angeschlossen.

Der elektrolytische Gleichrichter hat einen sehr schlechten Wirkungsgrad, allerhöchstens bis ca. 33%, dieser Wirkungsgrad geht während des Betriebes des Gleichrichters noch weiter herunter, nämlich dann, wenn sich der Gleichrichter erhitzt. Dann richtet er auch nicht mehr vollkommen gleich, er hat keine Ventilwirkung mehr, er läßt Wechselstrom durch. Damit ist dann auch seine Wirkungsweise hinfällig geworden. Die Erhitzung des Gleichrichters, wenn erst die Temperatur des Elektrolyten gestiegen ist, schreitet immer weiter vor, da immer mehr Strom im Gleichrichter selbst verbraucht wird. Die Temperatur steigt auf über 70° und noch mehr, und der Gleichrichter kocht schließlich über. Man kann sich dagegen schützen, indem man den Gleichrichter beim Warmwerden eine Zeitlang abschaltet, bis er sich wieder genügend abgekühlt hat, dann ferner, indem man wegen der Strombelastung Aluminium elektrode und Konservenbüchse reichlich groß wählt und recht nahe aneinander bringt. Schließlich, indem man möglichst viel vom Elektrolyten zugießt und ihn möglichst konzentriert verwendet, damit der Strom beim Übergang möglichst wenig Widerstand hat. Schließlich wäre noch zu empfehlen, die ganze Gleichrichterzelle dauernd in fließendem Wasser zu kühlen, oder das Gleichrichtergefäß wenigstens in einen größeren Behälter mit kaltem Wasser zu stellen.

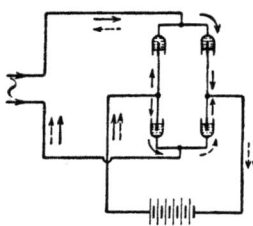

Abb. 11. Graetzsche Schaltung für 4 Gleichrichterzellen zur Ausnutzung der beiden Halbwellen des Wechselstroms.

Man kann sich auch noch so helfen, daß man 4 solcher Gleichrichterzellen miteinander vereinigt nach Graetzscher Schaltung wie in Abb. 11 im Schaltschema dort vorgezeichnet. Man hat es dann auch in der Hand, immer eine Zelle zur Abkühlung auszuschalten. Schließlich wird bei der Graetzschen Schaltung die Strombelastung besser verteilt. Auch für diese Schaltung gilt bezüglich wirtschaftlichen Ladens am Beleuchtungsnetz einer Wohnung dasselbe, wie schon bereits bei der einzelnen Zelle erwähnt, man wird also mehr nebensächliche Brennstellen zur Belastung und zum Anschluß verwenden.

Diese Art Gleichrichter müssen sehr reinlich gehalten werden, um nicht sehr bald der Zerstörung durch „Anfressen" anheim zu fallen. Das Salz des Elektrolyten kristallisiert und bedeckt alle aus der Lösung herausragenden Metallteile und Isolierstücke mit Kristallen, die nicht nur den Stromübergang leicht ermöglichen, sondern auch die notwendig erforderliche Schicht auf dem Aluminium, die schlecht leitend sein muß, verhindern, sich zu bilden.

Etwas mehr Arbeit erfordert die Herstellung des nachstehend beschriebenen mechanischen oder Pendelgleichrichters. Über die Wirkungsweise ist auch eingehend in dem Bändchen Spreen: Stromquellen, gesprochen, so daß sich eine Wiederholung hier

sche Polarität hat, wird sie abwechslungsweise von dem Eisenkern der Drahtspule angezogen und abgestoßen. Wird sie angezogen, taucht auch die Goldspitze in das Quecksilber ein und schließt so den Strom, in den Akkumulator geht in einer Richtung ein Stromstoß hinein. Beim Wechsel der Polarität an der Spule wird die Blattfeder abgestoßen, der Stromschluß unterbleibt, die entgegengesetzte Halbwelle wird also unterdrückt, es kann kein Strom in den Akkumulator eintreten. Es erfolgen also mit Unterbrechungen immer Stromstöße in ein und derselben Richtung, die mit der Zeit den Akkumulator aufladen.

Nun hat aber der Betrieb des Gleichrichters eine Schwierigkeit. Die Schwingungen der Blattfeder müssen genau in ihrer Schnelligkeit übereinstimmen mit der Schnelligkeit des Polwechsels an der Spule, d. h. der Stromschluß muß genau dann erfolgen, wenn die eine Stromhalbwelle durch den Nullpunkt geht, der Strom auch entsprechend auf Null gesunken ist. Man erkennt dies daran, daß die Goldspitze beim Eintauchen in das Quecksilber keinen Funken gibt. Entstehen Funken an der Unterbrecherstelle, so ist dies ein Zeichen, daß die Einstellung der Blattfeder nicht richtig gewählt ist. Man muß nun die Feder an ihrer Befestigungsstelle lösen und sie so lange hin und herschieben, bis der geringst mögliche Funke am Unterbrecher auftritt. Auch mit dem Balancegewicht läßt sich noch manches bessern. Restlos wird man jedoch den Funken nicht beseitigen können. Da aber der auftretende Funke mit der Zeit das Quecksilber verbrennen würde, so muß er in seiner Wirksamkeit unschädlich gemacht werden. Dies läßt sich am besten durch einen Kondensator bewirken, der, wie in Abb. 12 eingezeichnet, zwischen die Unterbrecherstelle eingeschaltet wird. Hierzu eignet sich am besten ein sogenannter Telephonkondensator, Kapazität desselben etwa 2—5 Mikrofarad.

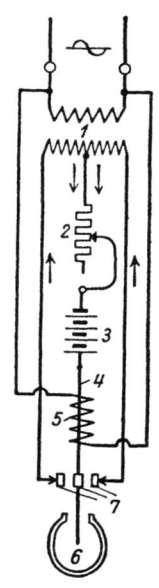

Abb. 15. Pendel-Gleichrichter für Ausnutzung der beiden Halbwellen des Wechselstromes. 1. Transformator zur Umwandlung der Netzspannung. 2. Vorschaltwiderstand. 3. Akkumulatoren. 4. Schwingende Blattfeder. 5. Wechselstromspule. 6. Permanenter Magnet. 7. Kontakte für Stromschluß.

Will man beide Halbwellen des Wechselstromes in derselben Richtung durch den zu ladenden Akkumulator schicken, so muß man den Pendelgleichrichter nach Schaltschema Abb. 15 ausgestalten. Auch diese Modifikation läßt sich mit einfachen Mitteln gut selbst bauen unter Zuhilfenahme einer Wechselstromglocke, wie sie an Signalanlagen zu finden sind. Damit lassen sich dann beide Impulse des Wechselstromes in derselben Richtung durch den zu ladenden Akkumulator schicken. Auch bei diesem Gleichrichter muß man, um den Unterbrechungsfunken unschädlich zu machen, Kondensatoren an den Unterbrecherstellen einschalten. Die Herstellung dieses Gleichrichters erfordert etwas mehr Kosten, man kann kein Quecksilber verwenden, sondern muß zu Wolframkontakten greifen, will man ein einwandfreies Arbeiten erzielen. Überhaupt darf man beim Pendelgleichrichter nicht über eine gewisse Strombelastung hinausgehen. Die Grenze liegt etwa bei ca. 3—5 Amp. Das gleiche gilt auch vom elektrolytischen Gleichrichter.

Währenddem der elektrolytische Gleichrichter vollkommen geräuschlos arbeitet, verursacht der Pendelgleichrichter durch seine Schwingungen unter Umständen ein ziemliches Geräusch, das besonders durch seinen hohen Ton, der recht durchdringend ist, unangenehm auffällt. Man hilft da am besten durch Dämpfen mit Filz.

Die Wicklung der Drahtspule an den Pendelgleichrichtern richtet sich ganz nach der Anschlußspannung der Spule; desgleichen die Stärke des Bewicklungsdrahtes. Die Drahtstärke wird am besten zu 0,15—0,35 mm blankem Drahtdurchmesser gewählt, die Länge des Bewicklungsdrahtes wird bei einer Anschlußspannung von ca. 10—120 Volt etwa 10—50 m betragen dürfen.

Die anderen Typen von Gleichrichtern, wie Quecksilberdampf-, Glühkathoden-, Maschinenumformer- und Glimmlicht-Gleichrichter lassen sich nicht selbst herstellen. Allenfalls noch der Glimmlichtgleichrichter. Doch sind auch bei letzterem die Röhren und die Spezialwiderstände zu kaufen und können niemals selbst hergestellt werden, so daß eigentlich nur von einem Zusammenbau des Gleichrichters zu einer Ladeeinrichtung gesprochen werden kann. Der Kauf der unbedingt erforderlichen Einzelteile verursacht auch ziemliche Kosten, will man eine Ladestromstärke von etwa 1 Ampere erreichen, so daß man diesen Gleichrichter auch am besten fertig kauft, um die Gewißheit der richtigen Schaltung und des einwandfreien Funktionierens zu haben. Speziell dieser Gleichrichter läßt an Einfachheit der Bedienung und Selbständigkeit im Arbeiten nichts zu wünschen übrig und ist im Betriebe äußerst zuverlässig und sparsam.

c) **Stromerzeugungsanlagen.** Unter diesem Abschnitt sollen Einrichtungen bzw. Anlagen beschrieben werden, die ein Aufladen von Akkumulatoren ermöglichen sollen, wenn überhaupt kein elektrischer Anschluß in der Wohnung vorhanden ist. Heutzutage bei der großen Verbreitung, welche die Überlandwerke haben, dürfte dies wohl selten der Fall sein, doch kommt der Fall immerhin vor, nicht nur in abgelegenen Gegenden, einzelnen Gehöften, evtl. Sommerwohnungen im Gebirge, sondern auch mitten in der Großstadt. Die nachstehend beschriebenen Anlagen sind richtige, kleine Kraftwerke, die den Strom erzeugen. Es ist vollkommen vermieden, Anlagen zu beschreiben, die den Kauf teurer Bestandteile erforderlich machen; im Gegenteil, es ist streng Bedacht genommen auf möglichste Billigkeit in der Anschaffung, vor allem auch auf möglichste Einfachheit im Aufbau und in der Zusammensetzung, unter Zuhilfenahme der einfachsten Werkzeuge und bequem zu beschaffenden Materialien, so daß teure Bearbeitungskosten bei einem Mechaniker nicht erforderlich werden.

Jede Stromerzeugungsanlage besteht aus zwei Hauptteilen: dem Generator, der den elektrischen Strom erzeugt und der Kraftquelle, die die nötige mechanische Arbeit hergibt zur Umwandlung in elektrische Arbeit. Oder anders ausgedrückt: der Generator muß in schnelle Umdrehungen versetzt und von außen durch eine Kraftmaschine angetrieben werden, um elektrische Energie zu erzeugen.

Solche kleinen Generatoren, die für diesen Verwendungszweck recht passend sind, finden heute recht allgemein Verwendung als sogenannte Fahrraddynamos zur Erzeugung der elektrischen Energie für die elektrische Fahrradbeleuchtung. Diese kleinen Maschinen geben aber nur Wechselstrom ab, so daß sie ohne weiteres zur Aufladung von Akkumulatoren, also zur Abgabe von Gleichstrom nicht zu verwenden sind. Sie bedürfen dazu einer kleinen Umarbeitung bzw. Erweiterung, die aber sehr einfach vorzunehmen ist.

Stromerzeugungsanlagen.

Am besten eignen sich die sogenannten Dynamos mit „Glockenmagnet". Diese kleinen Dynamomaschinen sind nämlich alle sogenannte „Magnetdynamos" oder magnetelektrische Maschinen, d. h. zwischen den Polen eines kräftigen permanenten Magneten dreht sich ein Anker, der die Drahtwicklung trägt. Die Anordnung kann auch umgekehrt sein, indem sich der Magnet zwischen den Drahtspulen, die in diesem Falle den Anker bilden und feststehen, dreht. Abb. 16 und 17 zeigen die beiden Haupttypen dieser Magnetdynamos. Der aufmerksame Beobachter wird sofort erkennen, wenn er an einem Fahrrad eine elektrische Beleuchtung sieht, um welche Type es sich handelt.

Abb. 16. Magnetdynamo mit feststehendem Magnet und rotierendem Anker.

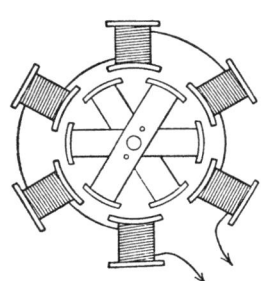

Abb. 17. Magnetdynamo mit feststehendem Anker und rotierendem Magnet.

Meist zeigen die Dynamos mit rotierendem Magnet eine charakteristische Dosenform, während die Dynamos mit „Glockenmagnet" mehr zu einer Flaschenform neigen. Abb. 18 zeigt die Einzelteile einer Dynamo mit Glockenmagnet. Der Anker dieser Maschinchen hat nur zwei ausgeprägte Pole und ist bezüglich Einfachheit der Erweiterung für unsere Zwecke als Ladedynamo am besten geeignet. An der Maschine an und für sich wird gar nichts verändert. Man nimmt nur die Gummireibscheibe samt

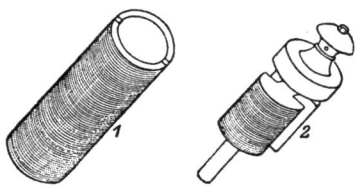

Abb. 18. Fahrraddynamo mit Glockenmagnet. 1. Gehäuse mit Glockenmagnet. 2. Gehäusedeckel mit eingebautem Anker.

ihrem Träger, die sonst als Antrieb vom Pneumatik aus dient, ab, so daß aus dem Gehäuse der Dynamo nur noch der kurze Wellenstumpf herausragt, der das Reibrad aus Gummi oder Metall trug. Auf diesen Wellenstumpf lötet man nun eine kräftige etwa 2—3 mm starke Scheibe aus Eisen oder Messing auf, die einen Durchmesser von ca. 10—15 mm hat. Damit die Scheibe zentrisch auf der Welle des Dynamos aufsitzt, versieht man sie in ihrer Mitte mit einer Bohrung von dem Durchmesser der Welle.

2*

Desgleichen erhält die Scheibe noch zwei weitere Bohrungen von etwa 2—3 mm Durchmesser. Diese Bohrungen sollen einander diametral gegenüber liegen. Abb. 19 zeigt eine solche entsprechend hergerichtete Scheibe. Nun sägt man von einem Stück Rundholz, besser aber von einem Fiber- oder Hartgummistab von ca. 20 mm Dicke ein ca. 2 cm breites Stück ab, das dieselben diametralen Bohrungen erhält, wie die Metallscheibe. Abb. 20 zeigt die so hergerichtete Hartgummischeibe. Sie bildet den Körper für den Stromwender, um den von der Maschine gelieferten Wechselstrom in Gleichstrom umzuwandeln. Der Stromwender selbst wird aus einem Messing- oder Kupferrohre hergestellt, das eine Wandstärke von ca. 1—2 mm hat. Das Rohr muß einen solchen Innendurch-

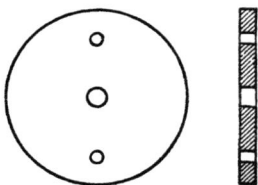

Abb. 19. Trägerscheibe für den Stromwender.

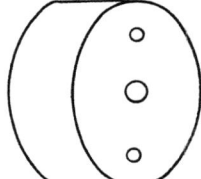

Abb. 20. Isolierstück für den Stromwender.

messer haben, daß es sich glatt über die Isolierscheibe aus Holz, Fibre oder Hartgummi schieben läßt, und wird mit kleinen Schrauben mit Flachkopf auf der isolierenden Unterlage befestigt. Das Rohr wird nun nach seiner Befestigung in einen kleineren und einen größeren Ring geteilt, wobei darauf zu achten ist, daß an einer Seite der kleinere Ring noch mit dem größeren zusammenhängt, und der größere Ring durch zwei Einschnitte in zwei vollkommen gleiche, nunmehr voneinander isolierte Stücke geteilt. Abb. 21 zeigt den fertigen Stromwender. Er wird nun noch mittels zweier durchgehender Schrauben an der Scheibe auf der Dynamowelle befestigt. Nun wird man die Dynamo durch Spannbänder auf einer festen Unterlage fixieren, auf eben dieser Unterlage zwei Federn isoliert voneinander befestigen und auf dem Stromwender schleifen lassen, und der Generator ist zur Lieferung von Gleichstrom fertig, nachdem man seinen einen isoliert herausgeführten Stromanschluß mittels einer Schleiffeder zum Stromwender führt, und die andere Hälfte des Stromwenders mit der Metallscheibe auf der Welle verbunden hat. Man kann auch stattdessen eine Verbindung mit dem

Stromerzeugungsanlagen.

Gehäuse der Dynamo vornehmen. Abb. 22 zeigt die fertige Dynamo zur Erzeugung von Gleichstrom.

Auch die Wechselstromdynamos mit rotierendem Magnet lassen sich zur Abgabe von Gleichstrom umarbeiten, nur ist hier die Stromwendung etwas verwickelter. Der Stromwender muß

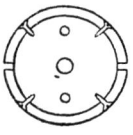
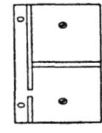

Abb. 21.
Stromwender.

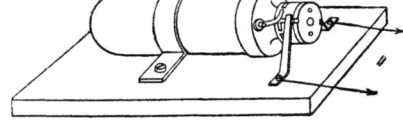

Abb. 22. Magnetdynamo zur Gleichstromabgabe hergerichtet.

soviel Unterteilungen durch Einschnitte erhalten, als Drahtspulen an dem feststehenden Anker sind. Jede einzelne Verbindung zwischen zwei mit Draht bewickelten Ankerspulen ist nun aus dem Gehäuse herauszuführen und mit den einzelnen Lamellen des Stromwenders zu verbinden. Die beiden Enden der Ankerwicklung werden von dem isolierten Pol und dem Gehäuse der Dynamo gelöst, miteinander verbunden und von dieser Verbindung ein Draht zur letzten noch freien Lamelle des Stromwenders geführt. Außerdem muß die Drahtwicklung um den Magneten rotieren, nicht wie bisher der Magnet innerhalb der Wicklung. Der Magnet muß also feststehen. Man hat alsdann nur noch, wie vor beschrieben, zwei Schleiffedern an den Stromwender anzulegen und kann dann von ihren Enden Gleichstrom abnehmen. Die beiden Schleiffedern müssen einander diametral gegenüber stehen. Abb. 23 zeigt die umgearbeitete bzw. umgeänderte Maschine zur Abgabe von Gleichstrom. Die Verhältnisse sind hier nicht so einfach, man wird darum gut daran tun, bei Neubeschaffung einer Magnetdynamo zu vorstehend genanntem Zweck der Akkumulatorenladung darauf Bedacht zu nehmen, eine zweipolige Maschine, also eine Maschine mit feststehendem Magnet (möglichst Glockenmagnet)

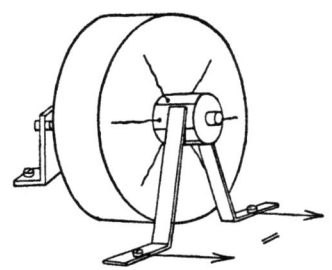

Abb. 23. Magnetdynamo mit ehemals rotierendem Magnet zur Gleichstromabgabe hergerichtet.

und drehbarem, möglichst zweipoligem Anker zu erhalten, weil diese Type am bequemsten die Umänderung bzw. Erweiterung ermöglicht.

Sehr gut verwenden als Ladedynamo läßt sich auch der Induktionsapparat eines sogenannten Kurbelinduktors oder der Rufapparat eines Telephongerätes. Sind diese Maschinen nicht ohne weiteres schon zur Abgabe von Gleichstrom eingerichtet, läßt sich dies mit Hilfe eines Stromwenders, wie vorstehend beschrieben, leicht ermöglichen. Auch der Zündapparat eines Explosionsmotors, wie z. B. von einem Motorrad-, Auto- oder stationären Motor, läßt sich durch Anbringen eines Stromwenders gut für Gleichstromabgabe verwenden. Diese Apparate haben meist feststehenden Magnet, zwischen dessen Polen der zweipolige Anker (Doppel-T-Anker) rotiert. Nur wird sich bei den letztgenannten Apparaten für den Gebrauch insofern eine neue Schwierigkeit ergeben, als die Spannung zu hoch ist. Doch auch dieser Schwierigkeit kann man unschwer Herr werden.

Die kleinen Fahrraddynamos geben meist eine Spannung von ca. 4—6 Volt ab, sind also ohne weiteres geeignet zur Aufladung von zwei Heizakkumulatoren mit insgesamt 4 Volt Spannung. Da jedoch bei ihnen die Stromstärke ziemlich gering ist, empfiehlt es sich, eine Reservebatterie zu beschaffen, so daß immer eine frisch geladene Batterie zur Verfügung steht, wenn die gerade am Apparat angeschlossene Batterie wieder geladen werden muß.

Anders verhält es sich mit den Magnetdynamos, die als Induktoren in sogenannten Kurbelinduktoren (Isolationsmesser) oder Telephonapparaten Verwendung finden. Diese Apparate geben meist Strom ab, der eine Spannung von bis zu 250 oder noch mehr Volt hat. Die Spannung durch Vorschalten eines Widerstandes zu reduzieren hat keinen Zweck; man vernichtet dadurch nur unnötig Energie. Man wird in diesem Falle gut daran tun, die Wicklung des Ankers etwas zu verändern. Wenn man sich nämlich die Wicklung des Ankers näher ansieht, so wird man erkennen, daß sie aus vielen Windungen eines sehr dünnen Drahtes besteht. Das ist für unsere Zwecke nicht sehr gut geeignet. Diese Wicklung gibt wohl eine verhältnismäßig hohe Spannung aber nur eine geringe Stromstärke. Man wickelt also am besten den auf dem Anker befindlichen Draht ab und wickelt den ganzen Anker neu mit wesentlich stärkerem aber dementsprechend kürzerem Draht. Als Drahtstärke dürfte eine solche von ca. 0,5—0,8 mm blankem Durchmesser genügen. Man wird dann den zur Verfügung stehenden Wicklungsraum soweit vollwickeln, daß sich der Anker ungehindert zwischen den Magnetpolen noch drehen kann, d. h. also nur soweit, daß die Wicklung ohne zu schleifen noch im Gehäuse vorbeikommt bzw. rotieren kann. Man wird dann wohl in den meisten Fällen bei entsprechender Tourenzahl eine passende Spannung erhalten. Ist die Spannung noch wesentlich zu hoch, wird man noch stärkeren und noch kürzeren Draht zur Bewicklung wählen, meist wird aber die erhaltene Spannung noch zu gering sein; denn immerhin soll doch eine Spannung von ca. 5—8 Volt erzeugt werden können, damit man 2—3 einzelne Akkumulatorzellen zusammen laden kann. Da hilft dann nichts als dünneren und längeren Draht zur Neuwicklung zu verwenden.

In noch erhöhtem Maße muß diese Umänderung stattfinden bei den sogenannten magnetelektrischen Zündapparaten. Hier besteht nämlich die Wicklung zur Erzeugung eines möglichst hochgespannten Stromes für einen kräftigen Zündfunken aus sehr langem aber äußerst dünnem (ca. 0,05—0,08 mm Durchmesser) Draht. Hier ist natürlich erst recht eine neue Wicklung vonnöten. Man wird dabei auch in der gleichen Weise vorgehen, wie vorstehend bei den Induktoren beschrieben.

Wohl läßt sich mit Hilfe der gewünschten Spannung die Windungszahl und damit die Drahtlänge der Wicklung bestimmen, aber dazu gehört eine genaue Kenntnis der Stärke des genannten Magneten, was wohl kaum dem Funkfreund zur Bestimmung möglich ist. Ebenso kommt es dabei auf die Geschwindigkeit an, mit der sich der Anker an den Polen des Magneten vorbeibewegt. So bleibt nur der einfachste Weg, der des Probierens; durch nachträgliche Veränderung der Wicklung muß man suchen entweder durch Verlängerung oder Verkürzung des Drahtes die günstigsten Spannungsverhältnisse zu schaffen. Das wird auch unschwer gelingen.

Nachstehend soll nun auch noch auf die dynamoelektrischen Maschinen zur Stromerzeugung eingegangen werden. Das sind Maschinen, bei denen der Magnet nicht ein permanenter Stahlmagnet ist, sondern die durch Drahtwicklungen auf einen Eisenkörper während des Betriebes das magnetische Feld selbst erzeugen.

Ein Bau derartiger Maschinen ist ohne gründliche Kenntnis der Materie und ohne Vorausberechnung betriebssicher nicht möglich; es bleibt also nur der Kauf. Derartige Maschinen sind aber auch verhältnismäßig teuer. Es sollte nur der Vollständigkeit halber dieser Art Maschinen Erwähnung getan werden.

Ehe wir nun dazu übergehen, die Antriebsvorrichtungen für die Generatoren, bzw. die Dynamomaschinen näher zu behandeln, sei noch zu der elektrischen Betrachtung einiges hinzugefügt. Es empfiehlt sich immer, zu der elektrischen Maschine noch eine kleine Schaltanlage zu bauen, die die notwendigsten Schalt- und Meßapparate enthält. Wenn man mit Akkumulatoren arbeitet, wird man ohnedies einen Spannungsmesser benötigen. Ein Voltmeter mit einer Skala bis zu ca. 10—15 Volt genügt wohl den meisten Bedürfnissen. Es empfiehlt sich ein Drehspul-Voltmeter zu beschaffen, weil dasselbe über den ganzen Meßbereich hinweg eine gleichmäßige Teilung der Skala besitzt, so daß auch niederere Spannungswerte auf der Skala abgelesen werden können. Dann empfiehlt sich weiterhin, einen Strommessser einzubauen, um die jeweilige Ladestromstärke der Akkumulatoren kontrollieren zu können, dann tut man gut daran, einen doppelpoligen Dreh- oder Hebelschalter und Sicherungen anzubringen, um die Maschine von den Akkumulatoren abschalten zu können und sie abzusichern. Schließlich ist es auch gut, noch einen Regulierwiderstand einzuschalten, um die Ladestromstärke der Akkumulatoren nach Bedarf ändern zu können. Den Regulierwiderstand kann man sich mit einfachen Mitteln selbst herstellen, davon jedoch später. Abb. 24 zeigt das Schaltungsschema für die Schalttafel, Abb. 25 die Vorderansicht. Nun zur Selbstherstellung des Regulierwiderstandes.

Für die Ladung eignet sich am besten ein Schieberwiderstand mit stufenloser Regulierung. Die Herstellung eines solchen bereitet keine besondere Schwierigkeit und nur geringe Kosten an leicht zu beschaffenden Materialien. Man biegt sich zunächst aus Bandeisen zwei Bügel nach Teilbild a der Abb. 26; Dicke des Bandeisens etwa 2—3 mm, Breite etwa 15—20 mm. An diesen Bügeln befestigt man mit je zwei Schrauben die beiden 4—7 mm dicken Eternit- oder Schiefertafeln. Diese Tafeln sollen den Widerstandsdraht aufnehmen, und man versieht sie, zum besseren Halt des Drahtes, mit Rinnen, wie in Teilbild b der Abb. 26 angedeutet.

Am einen Ende der beiden Platten werden auch die beiden Klemmschrauben zur Zu- bzw. Wegführung des Leitungsdrahtes angebracht. Oben auf die Bügel wird eine Rundstange, ca. 5—6 mm im Durchmesser, gelegt und mit durchgehenden Schrauben befestigt. Auf dieser Rundstange bewegt sich der Regulierschieber,

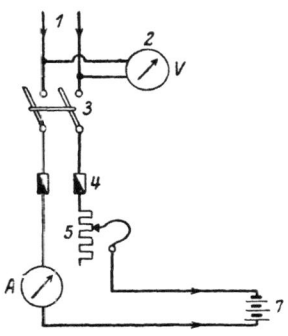

Abb. 24. Schaltschema für die Schaltanlage zur Stromerzeugungsanlage. 1. Zuleitung von der Dynamo. 2. Spannungsmesser. 3. Zweipoliger Schalter. 4. Sicherungen. 5. Regulierwiderstand. 6. Strommesser. 7. Akkumulatoren.

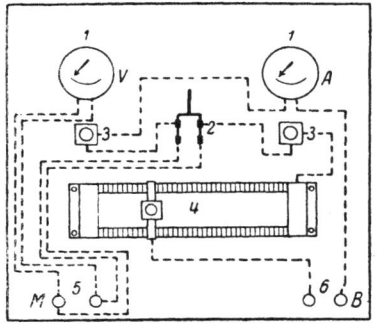

Abb. 25. Schaltanlage zur Stromerzeugungsanlage (Vorderansicht). 1. Meßinstrumente. 2. Zweipoliger Hebelschalter. 3. Sicherungen. 4. Regulierwiderstand. 5. Maschinenklemmen. 6. Batterieklemmen.

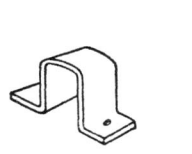
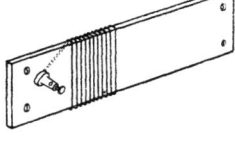
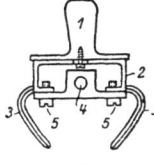

a b c
Abb. 26 a) Haltebügel für die Eternitplatte. b) Eternitplatte für den Widerstandsdraht. c) Regulierschieber. 1. Handgriff. 2. Haltebügel. 3. Schleiffeder. 4. Schleifbügel. 5. Befestigungsschraube.

der aus den Teilen des Teilbildes c der Abb. 26 zusammengesetzt ist. Die Schleiffedern, tunlichst aus Hartmessing, sollen sich leicht, aber doch mit gutem Druck gegen die Drahtwindungen legen. Die drei Teile des Schiebers werden, wie in der Abbildung angegeben, mit Schrauben zusammengehalten. Abb. 27 zeigt das Schaltschema des Widerstandes. Man kann den Widerstand noch so modifizieren, daß man die beiden Widerstandswicklungen zum Zusammenschalten einrichtet, um stärkere und schwächere Ströme regulieren zu können. Das sich hiernach ergebende Schaltschema zeigt Abb. 28. Der Messingrundstab, auf dem sich der Schieber bewegt, erhält dann auch eine Ableitungsklemme für den Leitungsdraht. Die beiden Widerstandswicklungen erlauben dann eine entsprechend höhere Belastung und somit das Arbeiten mit größerer Stromstärke.

Um tatsächlich elektrische Energie abgeben zu können, müssen diese kleinen Generatoren bzw. ihre drehbaren Teile in sehr schnelle Rotation versetzt werden. Hierzu sind besondere Antriebsvorrichtungen bzw. für ortsfeste Anlagen, wie die vorstehend beschriebenen Lade-Einrichtungen, besondere Antriebsmaschinen nötig. Antriebsmaschinen gibt es nun in der mannigfaltigsten Art. Nachstehend sollen jedoch nur die einfachsten Maschinen beschrieben werden, die sich gut zum Selbstbau eignen.

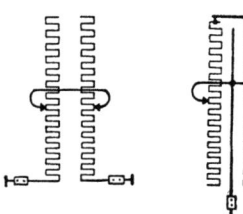

Abb. 27. Schaltschema für Regulierwiderstand (I. Ausführung).

Abb. 28. Schaltschema für Regulierwiderstand (II. Ausführung).

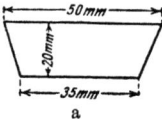

Für diese Zwecke am geeignetsten dürfte wohl eine kleine Wasserturbine sein. Man kann sie mittels direkter Kupplung mit der Dynamo

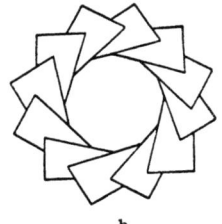 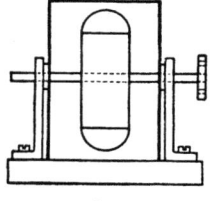 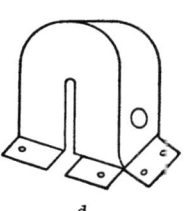

Abb. 29 a) Turbinenschaufel. b) Laufrad der Turbine. c) Schnitt durch die Turbine. d) Turbinen-Schutzkasten.

verbinden und hat so eine komplette kleine Kraftzentrale Die Herstellung einer solchen kleinen Turbine ist recht einfach.

Auf einer Hartholzscheibe von etwa 7 cm Durchmesser und 2 cm Dicke werden 12 Blechschaufeln nach Form und Größe des Teilbildes a der Abb. 29 angebracht. Die Befestigung der Blechschaufeln kann entweder mit Nägeln, oder noch solider mit kleinen Messingschrauben erfolgen. Das Laufrad der Turbine hat dann die Form wie im Teilbild b der Abb. 29. Man setzt nun das Laufrad auf ein kurzes Wellenstück, keilt es mit zwei Schraubenmuttern fest, lötet am Ende der Welle eine Metallscheibe auf in den Abmessungen wie die Scheibe auf der Dynamowelle, auch mit den gleichen diametralen Bohrungen und befestigt das ganze Turbinenlaufrad am Stromwender mittels derselben durchgehenden Schrauben, die den Stromwender mit der Turbinenwelle verbinden. Teilbild c der Abb. 29 zeigt die zusammengebaute Anordnung. Nun braucht man zum Betrieb der Turbine noch ein Strahlrohr für den Wasserzufluß. Hierfür leistet das Mundstück eines Auerbrenners gute Dienste. Das Mundstück erhält anstatt der feinen Löcher, durch die sonst das Gas ausströmt, eine Bohrung von 5 mm, wird auf ein Gasrohr von ca. $1/8$ Zoll Stärke aufgeschraubt, und fest oder mittels Schlauch mit der Wasserleitung verbunden. Damit ist die Turbine betriebsfertig. Um zu verhüten, daß das von der Turbine abfließende Wasser umherspritzt, stülpt man über das Laufrad der Turbine einen Schutzkasten, den man gut aus einer entsprechend großen Blechschachtel anfertigen kann. Teilbild d der Abb. 29 zeigt die

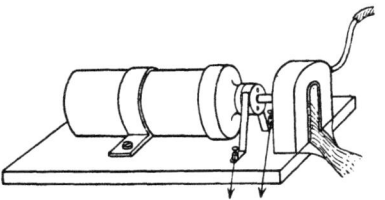

Abb. 30. Gleichstrom-Ladestation mit Antrieb durch Wasserturbine.

äußere Form dieses Schutzkastens. Abb. 30 zeigt die betriebsfertig zusammengestellte kleine Ladestation.

Zum Betrieb dieser Turbine in Verbindung mit einer kleinen Fahrraddynamo kann die normale Hauswasserleitung benutzt werden, sofern sie einen Betriebsdruck von ca. 1,5—2 Atmosphären aufweist. Entsprechend dem Wasserdruck ist natürlich auch die Tourenzahl der Turbine und damit die Leistung. Die Tourenzahl steigt mit der Verkleinerung des Umfanges des Turbinenrades, desto geringer ist aber die Leistung der Turbine. Die Leistung kann erhöht werden durch Benutzung eines Strahlrohres mit größerer Öffnung; dementsprechend steigt aber dann auch der Wasserverbrauch. An Orten, wo keine Wassermesser in Benutzung sind, also das verbrauchte Wasser nicht besonders bezahlt zu werden braucht, spielt ja dann der Wasserverbrauch keine Rolle; und man wird in der Lage sein, die Turbine so zu dimensionieren, daß ihre Leistung für den Bedarf ausreicht.

Wer eine billige Wasserkraft in Gestalt eines kleinen Baches zur Verfügung hat, kann den Antrieb der Dynamo mittels eines Wasserrades bewerkstelligen. Die Teilbilder der Abb. 31, sowie die Abbildungen 32 und 33 zeigen alle Einzelheiten zur Selbstherstellung desselben. Es ist großer Wert auf eine gute Lagerung

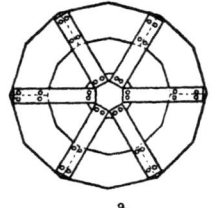 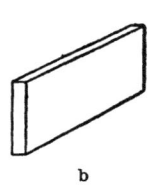 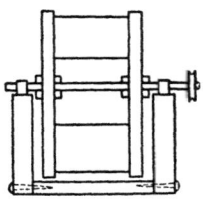

Abb. 31. Selbstgefertigtes Wasserrad. a) Seitenansicht des Wasserrades. b) Schaufel für das Wasserrad.   Abb. 32. Schnitt durch das Wasserrad.

der Welle des Wasserrades zu legen. Als Lager können gut entsprechend weite Messingrohre dienen, die, wie aus der Abbildung ersichtlich, befestigt werden (durch Einklemmen zwischen die geteilten Lagerständer). Um die Wasserkraft restlos auszunutzen, erhält das Wasserrad, wie aus den Abbildungen ersichtlich, eine besondere Zuflußrinne. Diese Rinne soll so schmal sein, daß sich das Rad gerade noch, ohne zu streifen, mit den Schaufeln vorbeibewegen kann.

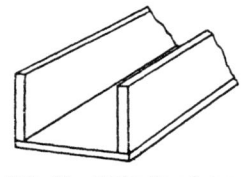

Abb. 33. Einlaufkanal zum Wasserrad.

Da unsere kleine Dynamo eine ziemlich große Tourenzahl machen muß, um elektrische Energie abzugeben, und das Wasserrad gegenüber der Turbine verhältnismäßig langsam läuft, muß es entsprechend übersetzt werden. Man muß also eine Transmission zwischen Wasserrad und Dynamo einschalten. Dazu können gut Fahrräder ohne Pneumatiks Verwendung finden. Die kleinen Felgen für die Übersetzung sind Tachometerfelgen bzw. Tachometerantriebe, die man überall bei jedem Fahrrad- oder Motorradhändler erwerben kann. Abb. 34 zeigt in ihren Teilbildern die Einzelheiten der Transmission. Abb. 35

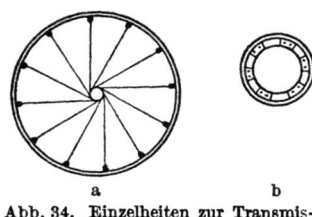

Abb. 34. Einzelheiten zur Transmission für das Wasserrad. a) Zahnradfelge. b) Tachometerfelge.

zeigt den Zusammenbau von Transmission, Dynamo und Wasserrad. Die Lagerständer für die Fahrradfelgen werden am besten aus in warmem Zustande gebogenem Profileisen nach Abb. 36 hergestellt.

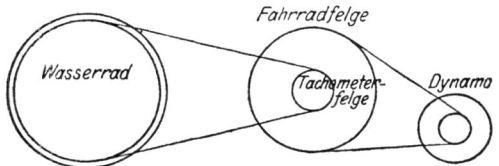

Abb. 35. Zusammengebauter Antrieb von Wasserrad und Dynamo.

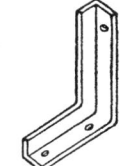

Abb. 36. Lagerbock für die Zahnradfelge.

Der Vollständigkeit halber sei auch das Windrad als Antriebsmaschine für eine Dynamo aufgeführt. Doch stößt die Verwendung des Windmotors ohne besondere Hilfsmittel auf Schwierigkeiten, da die Windstärke ständig wechselt und damit die Tourenzahl des Windrades ständig schwankt. Demzufolge schwankt auch die Dynamo in ihrer Drehzahl, so daß damit die Energieabgabe unregelmäßig wird, der abgegebene Strom schwankt außerordentlich in der Spannung, so daß hiermit ein normaler Ladebetrieb nicht möglich ist. Zu diesem Zwecke sind Spezialdynamos, besonders konstruiert zum Antrieb mittels Windkraftmotoren und Spezialschaltapparate zur Zu- und Abschaltung der Batterie je nach Energielieferung nötig. Diese Apparate, die sehr präzise und vollkommen betriebssicher laufen und arbeiten müssen, sind sehr teuer und kommen wohl kaum für die Anschaffung durch den Radio-Amateur in Frage.

Schließlich sei auch noch der kleinen leichten Verbrennungskraftmaschinen gedacht, die sich gut zum Zusammenbau mit kleinen Dynamos eignen. Besonders Fahrradhilfsmotore, wenn sie künstlich gekühlt werden, sind dafür recht geeignet. In Verbindung mit kleinen Motorradlichtmaschinen geben sie recht gute Kraftzentralen. Doch auch die Anschaffung dieser Apparate stellt sich verhältnismäßig teuer.

d) Der Blei-Akkumulator und seine Wartung. Es ist keineswegs damit getan, daß der Blei-Akkumulator regelmäßig nach seiner Entladung wieder aufgeladen wird, er bedarf auch sonst noch gründlicher Pflege, soll er immer auf der Höhe seiner Leistungsfähigkeit bleiben und immer betriebsbereit sein. Dazu ist vor allem nötig, sich etwas eingehender mit den auftretenden Störungen des Blei-Akkumulators zu beschäftigen.

α) **Äußerlich auftretende Störungen.** Eine der am häufigsten auftretenden Störungsursachen ist das Reißen der Vergußmasse bei den Akkumulatoren in Glasgefäßen. Dieser Umstand hat recht große Bedeutung. Die im Glase befindliche Säure dringt durch die Risse der Vergußmasse und greift die herausragenden Pole und Klemmschrauben an. Diese Teile werden dadurch oxydiert, und überziehen sich mit einer nichtleitenden Schicht, die Klemmen backen fest, sind nicht mehr leicht zu drehen, bei Anwendung von Gewalt brechen die Schrauben unter Umständen samt den Polen ab. Ist der Akkumulator in einen Holzkasten eingebaut, frißt die austretende Säure auch diesen an. Abhilfe kann man schaffen, indem man die Vergußmasse gut von den Säureresten reinigt und sie mit Hilfe einer Gasflamme oder Spirituslötlampe erwärmt. Dadurch wird die Vergußmasse an ihrer Oberfläche wieder flüssig, sie verbindet sich wieder und die Risse verschwinden. Das Erwärmen muß aber sehr vorsichtig vorgenommen werden, damit das Glasgefäß nicht springt. Man erwärmt am besten von innen heraus und beginnt nie am Rand mit der Erwärmung der Vergußmasse. Dabei ist darauf zu achten, daß die Vergußmasse dicht um die Pole, die Säureeinfüllöffnung und am Rande des Gefäßes hinfließt.

Bei Zellen in Hartgummigefäßen können ähnliche Fehler auftreten, hier hat die Erwärmung noch vorsichtiger zu erfolgen, damit das Hartgummigefäß nicht anbrennt. Es empfiehlt sich, die Reparaturen von Akkumulatoren in Hartgummigefäßen tunlichst in der Fabrik ausführen zu lassen.

Auch bei Akkumulatoren in Zelluloidgefäßen treten ähnliche Erscheinungen auf, nur mit dem Unterschied, daß nicht die Vergußmasse reißt, da sie ja nicht vergossen werden, sondern daß sich der Deckel vom Gefäße löst. Zur Wiederbefestigung sind zunächst die zu verbindenden Stellen gut von Säureresten zu reinigen, dann werden sie mit einer Masse von in Azeton gelöstem Zelluloid (Lösung ziemlich dickflüssig) bestrichen, und die zu verbindenden Stellen fest zusammengepreßt. Risse an den Zelluloidseitenwänden werden tunlichst auch besser in der Fabrik repariert, desgleichen etwaige sich zeigende Undichtigkeiten an den Gummi-Abschlußdichtungen der herausgeführten Pole.

β) **Innere Störungen.** Zur Vermeidung dieser Störungen kann nicht genug empfohlen werden, die Behandlungsvorschriften für die Akkumulatoren einer eingehenden Beachtung zu unterziehen. Jede Fabrik gibt ihren Erzeugnissen eine genaue Bedienungsvorschrift bei, die entweder auf das Glas-, Hartgummi- oder Zelluloidgefäß aufgeklebt ist, oder bei Einbau der Zellen in einen Holzkasten sich auf dem Deckel (meist an der Innenseite) desselben befindet. Man darf nie außer acht lassen, daß der Akkumulator ein empfindlicher Apparat ist, der mit der größten Aufmerksamkeit beobachtet werden muß. Kleine Vernachlässigungen oder ein Nichtbeachten von Kleinigkeiten der Behandlungsvorschriften können solche Nachteile bringen, daß der Akkumulator vielleicht empfindlich geschädigt, ja sogar ganz unbrauchbar wird.

Neben den bereits gemachten Ausführungen in Spreen: Stromquellen für den Röhrenempfang, sei besonders auf eine häufige Messung der einzelnen Zellen hingewiesen. Spannung und Säuredichte müssen ständig kontrolliert werden, wobei die Spannungsmessungen möglichst bei Belastung der Zelle gemacht werden sollen. Damit ist man dann immer in der Lage, sich von dem Zustande der Ladung oder Entladung der Zelle zu überzeugen. Eine Messung der Zelle, solange sie geladen wird, bzw. solange sie noch zur Ladung angeschlossen ist, also während des Ladeganges, ist zwecklos. Sie gibt kein Bild der Eigenspannung der Zelle.

Muß aus besonderen Gründen eine Batterie, also eine Anzahl zusammengeschalteter Zellen längere Zeit unbenutzt stehen, so empfiehlt sich immer die Aufbewahrung in geladenem Zustande, bei immerwährender kräftiger Aufladung in Abständen von ca. 4—6 Wochen. Die Aufladung darf nur mit der vorgeschriebenen Ladestromstärke erfolgen, muß aber die gewöhnliche Ladezeit um etwa die Hälfte übersteigen. Durch diese Vorsichtsmaßregel vermeidet man den Sulfatansatz an den Platten, der sonst eintreten würde, wenn die Zellen längere Zeit unbenutzt stehen.

Beim Laden zeigt sich zuweilen der Übelstand, daß in Zellen mit mehreren Platten, die eine oder andere keinen Strom aufnimmt, also keinerlei Veränderung zeigt. Macht man den Versuch, an der sich nicht ladenden Platte zu ziehen, so wird man meist bemerken, daß ihre Verbindung mit den anderen Platten gelöst ist. Ebenso kann es vorkommen, daß eine Batterie keinen Strom abgibt, da in irgendeiner Zelle eine Verbindung losgerissen ist. Wenn eine geladene Batterie keinen Strom abgibt, so ist es notwendig, jede einzelne Zelle zu kontrollieren und zu messen, ob nicht etwa ein innerer Kurzschluß vorhanden ist, oder gar keine Verbindung mehr zwischen den einzelnen Platten der Plattensätze oder der Plattensätze der einzelnen Elemente besteht.

γ) **Aufbesserung verwahrloster Akkumulatorenplatten.** Hierunter sollen einige Winke gegeben werden, wie man noch versuchen kann, einen Akkumulator, der unbrauchbar geworden ist, evtl. wieder brauchbar zu machen, Hauptbedingung ist natürlich dazu immer, daß der Akkumulator heil geblieben ist, also etwa außer dem evtl. Abreißen von Lötverbindungen und Plattenverbänden keinerlei mechanische Beschädigungen erlitten hat. Ob aber trotzdem ein Akkumulator wieder in die Lage versetzt werden kann, seine ursprüngliche Kapazität zu erlangen, hängt von der genauen Untersuchung der Platten ab, ob sich die für die Aufbesserung aufgewandte Mühe lohnt oder nicht.

Hat man eine Zelle mit Gitter- oder Masseplatten, so muß zunächst die positive Platte daraufhin geprüft werden, ob nicht große Mengen der aktiven Masse aus dem Gitter oder der Bleiumrahmung herausgefallen sind, dann auch, ob die Masse nicht schon so hart geworden ist, daß man sie nur noch mit einem spitzen Gegenstand ritzen kann.

Bei der negativen Platte ist zu prüfen, ob die eingestrichene Masse noch nicht so weit eingeschrumpft ist, daß der Zusammenhang mit dem Gitter oder dem Bleirahmen verloren ging. Es kann wohl eine Schrumpfung vorhanden sein, doch ist die Platte noch der Aufbesserung wert, wenn der Zusammenhang mit dem Gitter oder der Umrahmung nicht unterbrochen ist.

Damit ist aber noch nicht alles getan. Man muß die negative Platte auch noch in anderer Hinsicht prüfen. Die Platte kann auch trotz des Zusammenhanges mit ihrer Einfassung bzw. ihrem Träger unbrauchbar sein. Dies ist dann der Fall, wenn die Platte beim Überfahren mit einem abgerundeten harten Gegenstande den sogenannten Metallstrich zeigt. In diesem Falle ist die Platte „verbleit", ihre Kapazität ist so gering, daß sich eine Aufbesserung nicht mehr lohnt und auch nicht mehr möglich ist.

Das durch langes Stehen in ungeladenem Zustande auf den Platten entstandene Bleisulfat macht die Oberfläche der Platten schlecht leitend und erschwert dadurch sehr das richtige Laden.

Man bringt diesen Überzug dadurch weg, daß man die Zelle bis zur Gasentwicklung mit der vorgeschriebenen Ladestromstärke in gewöhnlicher Schwefelsäure, d. h. also in Säure von spezifischem Gewicht 1,16—1,20 aufladen wird. Im Interesse der Haltbarkeit und Lebensdauer der Akkumulatorenplatte darf nur chemisch reine Schwefelsäure und destilliertes Wasser zur Herstellung der verdünnten Säure benutzt werden.

Ist nun die Zelle bis zur Gasentwicklung aufgeladen worden, dann läßt man sie wenigstens eine Stunde stehen und schaltet sie dann wieder zur Ladung ein. Die fortgesetzte Ladung kann dann wieder einige Zeit vor sich gehen, ehe die Gasentwicklung wieder eintritt. Man ladet die Zelle nun noch etwa dreimal mit eingelegten Ruhezeiten weiter auf und entlädt sie dann bis auf eine Spannung von 1,8 Volt zwischen der positiven und negativen Platte. Dann wiederholt man die Ladung mit den vier eingelegten Ruhepausen wieder, und entlädt die Zelle abermals bis zur angegebenen Endspannung usw. Dieses Verfahren muß so oft wiederholt werden, bis die Zelle ihre ursprüngliche Kapazität wieder erlangt hat.

Dieses vorstehend beschriebene Verfahren hat den einzigen Nachteil, daß es zugleich langwierig, zeitraubend und kostspielig ist. Man kann dies Verfahren auf folgende Art und Weise etwas abkürzen:

Man läßt die aufzubessernden Platten zunächst einmal mindestens eine Woche lang ruhig in destilliertem Wasser stehen. Durch diese Prozedur wird nicht nur die Platte „entsäuert", sondern das auf den Platten befindliche harte Sulfat wird auch soweit erweicht, daß es durch den Strom leichter reduziert werden kann. Man nimmt dann die Platte aus dem destillierten Wasser heraus und stellt sie in verdünnte Schwefelsäure vom spezifischen Gewicht $1,06 =$ ca. 8^0 Beaumé. Hierauf werden die Platten mit einer Stromstärke geladen, die etwa $1/2$ Ampere für 100 qcm beiderseitiger Oberfläche der positiven Platte oder der positiven Platten beträgt.

Bei dieser geringen Stromstärke (sie ist etwa die Hälfte der normalen, gewöhnlichen Ladestromstärke) nimmt die Zelle in etwa der vierfachen Ladestromzeit nur die doppelte Anzahl der A. S. ihrer gewöhnlichen Kapazität auf. In der ersten Zeit steigt die Spannung der Zelle allmählich bis auf etwa 1,9 Volt und dann schneller auf 2 und 2,1 Volt an, während sie erst im letzten Drittel dieser Ladezeit zu gasen beginnt.

Dieses Verfahren bedeutet gegenüber dem zuerst beschriebenen eine wesentliche Ersparnis an Zeit und an Stromkosten. In ganz kurzer Zeit wird eine größere Menge Sulfat in Bleisuperoxyd und in Bleischwamm übergeführt; es wird also die ursprüngliche Kapazität schneller und billiger hierdurch wieder erreicht.

Nachdem nun die Platten in der schwachen Säure fertig geladen worden sind, wird dieselbe abgefüllt und durch gewöhnliche Akkumulatorensäure ersetzt. Man lädt nun die Zelle nochmals kurz auf, und sie ist dann wieder gebrauchsfähig.

δ) **Konservierung der Holzeinbaukästen für Akkumulatorenzellen.** Für die Akkumulatorenzellen hat sich als Baustoff für Einbaukasten besser als jegliches Metall Holz bewährt. Alle Metalle oxydieren stark, trotz eines Schutzüberzuges. Jedoch das Holz muß auch besonders konserviert werden, damit es sich auch unter evtl. Einwirkung der zerstörenden Akkumulatorensäure hält. Das Holz wird abwechselnd mit zwei Lösungen gestrichen. Die erste Lösung besteht aus 1 Teil Anilinhydrochlorid und 1 Teil Ammoniaksalz in 6 Gewichtsteilen Wasser; die zweite Lösung besteht aus 2 Teilen Kupfersulfat und 1 Teil chlorsaurem Kali in 12 Gewichtsteilen Wasser. Zum besseren Auflösen wärmt man nötigenfalls die Mischungen an.

Die Oberfläche des Holzes muß sehr gut geglättet und frei von Verunreinigungen, besonders von Öl sein. Man streicht nun das Holz mit der ersten Lösung und läßt den Anstrich gut eintrocknen; hierauf wird mit dem Anstrich des Holzes mit der zweiten Lösung begonnen. Dies wiederholt man mehrere Male, achtet aber besonders auf langsames gutes Eintrocknen der beiden Lösungen. Das so präparierte Holz hat einen gelblich-grünen Schein, und ist mit Kristallen bedeckt. Mittels Seife kann man diese Kristalle ablösen. Ganz zum Schluß spült man den Kasten mit klarem Wasser aus. Die Behandlung mit Seife gibt den Glanz. Zum besseren Aussehen werden die fertigen Holzkasten noch mit Öl abgerieben. Man hat nun hauptsächlich durch Behandlung mit der Kupferlösung (Ausfüllen der Holzporen) Säure- und Alkalienbeständigkeit erreicht.

e) **Der Nickel-Eisen- bezw. Edison-Akkumulator.** Der Nickel-Eisen-Akkumulator ist nun in gewisser Hinsicht nicht so empfindlich wie der Bleiakkumulator. Er erlaubt es aber auch nicht, das Innere zu beobachten, so daß man nur auf äußere Messungen sich stützen kann. Er ist sehr empfindlich gegen alle Chemikalien und hat man deshalb seinen Elektrolyten peinlich vor Verunreinigungen zu hüten. Gerade weil man infolge der Stahlblechbehälter nicht in das Innere der Zelle sehen kann, ist man darauf angewiesen, auf das Äußere der Zelle genau zu achten. Zeigt sich nun irgendeine Stelle des Akkumulators als beschädigt, seien es die Wände oder der Deckel des Gefäßes, seien es die Polableitungen usw., so kann man diese Reparatur nicht selbst vornehmen, man muß die ganze Zelle oder die ganze Batterie vom Ort weg zur Reparatur an die Fabrik einsenden, denn Reparaturen können nur mit Spezialapparaten und Spezialwerkzeugen vorgenommen werden.

Es ist immer von großem Vorteil, wenn man in das Innere einer Akkumulatorenzelle sehen kann, denn man kann aus den gemachten Beobachtungen schon sehr viel auf die inneren Vorgänge schließen, und ist damit in der Lage, schon sofort helfend einzugreifen, ehe größere Schäden entstehen, bzw. Platz ergreifen können. Bei den Nickel-Eisenzellen ist das aber nicht möglich. Man ist da lediglich auf die Messungen während der Belastung angewiesen und muß hieraus seine Schlüsse ziehen.

3. Regeneriereinrichtungen.

Neben dem Akkumulator werden in neuerer Zeit zum Betrieb der Röhrenapparate in erhöhtem Maße auch Trockenelemente verwandt, und zwar nicht nur für Abgabe der erforderlichen Anodenspannung, sondern auch besonders bei Verwendung der modernen Sparröhren zur Beheizung der Kathodenröhren. Nun weiß man aus der Praxis, daß diese Trockenelemente eine Zeitlang Strom abgeben, anfänglich recht konstant und mit ziemlich gleichbleibender Spannung, mit der Zeit aber wird die Stromabgabe immer schwächer, sie wird inkonstant, die Spannung sinkt immer mehr, das Element gibt schließlich überhaupt keine elektrische Energie mehr ab, es ist unbrauchbar geworden. Aus dem Umgang mit den sogenannten „Taschenlampenbatterien" ist man gewohnt, ein solches ausgebrauchtes Element einfach wegzuwerfen. Manchmal hat man dabei vielleicht schon den Gedanken gehabt, ob es nicht möglich wäre, das Element, an dem doch immerhin viel Material ist, wiederum zu verwenden; ob es nicht möglich sei, ähnlich wie beim Akkumulator, dasselbe wiederum neu „aufzuladen", etwa durch Anschluß an eine Stromquelle. Das ist nun, da wir es ja mit einem primären Element zu tun haben, nicht möglich. Dagegen läßt sich aus verbrauchten Trockenelementen immerhin noch eine recht gute Stromquelle herstellen. Nachstehend sollen nun hierzu dienliche Ausführungen gemacht werden.

a) Wiederherstellung von gebrauchten Trockenelementen, bzw. Umarbeitung zu nassen Elementen. Bevor wir uns damit näher befassen, soll auf das Wesen und den Aufbau des Trockenelementes näher eingegangen werden. Schon der Name „Trockenelement" ist eigentlich nicht richtig. Auch die Trockenelemente enthalten im

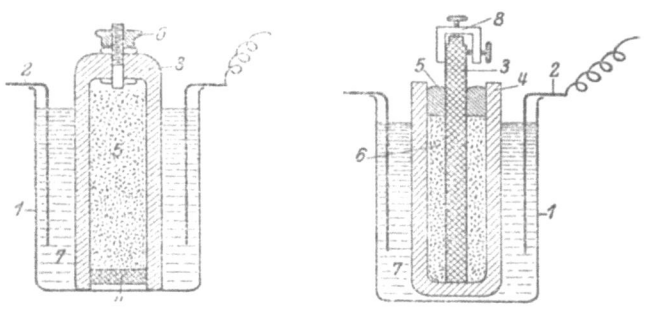

Form I. Form II.
Abb. 37. Leclanché-Element. Form I. 1. Glasgefäß. 2. Zinkzylinder mit Ableitung. 3. Kohlezylinder (hohl). 4. Verschlußkork. 5. Braunsteinfüllung. 6. Klemmschraube. 7. Elektrolyt (Salmiaklösung). Form II. 1. Glasgefäß. 2. Zinkzylinder mit Ableitung. 3. Kohlenstab. 4. Tonzylinder. 5. Verguß aus Kolophonium. 6. Koks- oder Brikettfüllung. 7. Elektrolyt (Salmiaklösung). 8. Klemmschraube.

Innern eine Flüssigkeit (meist jedoch beträchtlich weniger als nasse Elemente), denn das Vorhandensein einer Flüssigkeit ist wesentlich für die Unterhaltung des galvanischen Prozesses. Die sogenannten Trockenelemente unterscheiden sich von den nassen Elementen durch einen festen Verschluß. Daher würde man besser daran tun, sie „Verschlossene Elemente" zu heißen. Da man aber allgemein den Namen „Trockenelement" gebraucht und kennt, soll dieser Name auch weiterhin beibehalten werden.

Die Trockenelemente sind nach dem System der sogenannten Leclanché-Elemente konstruiert. Abb. 37 zeigt zwei verschiedene Formen dieses Elementes. Im Teilbild a dient ein Hohlzylinder aus Retortenkohle mit Braunstein gefüllt als positive Elektrode, im Teilbild b steht dagegen ein Kohlenstab, in ein Gemisch von Kohle und Braunstein eingebettet, in einem porösen Tonzylinder.

Wiederherstellung von gebrauchten Trockenelementen.

Diese Elektroden stehen in einem mit einer Salmiaklösung gefüllten Glasgefäß, in das ein Zinkring als andere Elektrode hineinreicht. Diese sämtlichen Bestandteile finden wir wieder beim Trockenelement. Man verwendet aber hier als positive Elektrode die sogenannte Kohlebeutelelektrode, deren Verwendung der Tonzelle vorzuziehen ist, weil sie viel einfacher hergestellt werden kann. Die Außenansicht zeigt Abb. 38. In Abb. 39 ist der Durchschnitt durch diese Elektrode zu erkennen. Als negative Elektrode dient wiederum ein Zinkring, der häufig als Becher oder Behälter ausgebildet ist und in seinem Innern den Kohlebeutel samt dem Elektrolyten trägt. Nach dem Füllen und Zusammensetzen erhält das Element einen wasserdichten Abschluß, durch Vergießen mit Asphalt. Manche Fabriken ziehen es auch vor, den Zinkbecher nochmals in ein Gefäß aus Glas oder Papiermaché, des besseren Dichthaltens wegen zu setzen. Abb. 40 zeigt die Einzelheiten dieses Elementes.

Abb. 38. Kohlen-Beutel-Elektrode (Ansicht).

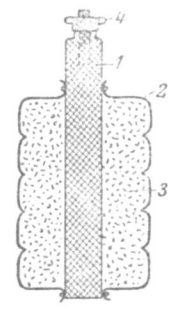

Abb. 39. Kohlen-Beutel-Elektrode (Schnitt). 1. Kohlestab. 2. Leinenbeutel. 3. Braunsteinfüllung. 4. Klemme.

Wenn wir ein ausgebrauchtes Trockenelement zerstören, also mit Gewalt öffnen, werden wir all diese Einzelheiten wiederfinden können. Soll aber das Element wieder regeneriert werden, muß etwas vorsichtiger bei der Zerlegung zu Werke gegangen werden.

Zunächst wird man versuchen, den Zinkzylinder freizulegen. Das wird ohne weiteres möglich sein durch Entfernen der Papierbeklebung bzw. des Papiermachégefäßes. Steht der Zinkzylinder in einem Glasgefäß, wird man letzteres tunlichst nicht zerstören,

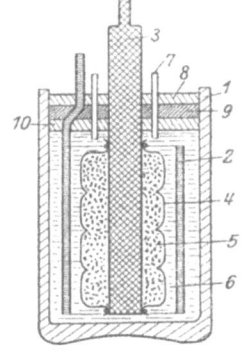

Abb. 40. Trocken-Element im Schnitt. 1. Glasgefäß. 2. Zinkelektrode. 3. Kohlestab. 4. Leinenbeutel. 5. Braunsteinfüllung. 6. Elementfüllung mit Elektrolyt. 7. Entlüftungskapillare. 8. Deckguß. 7. Zwischenguß. 10. Erster Verschlußguß.

damit man ein Gefäß für das nasse Element hat. In diesem Falle muß beim Ablösen mit größter Vorsicht zu Werke gegangen werden damit es nicht zerbricht.

Wenn man den Zinkzylinder nun betrachtet, wird man meist finden, daß er an einer Stelle, oft sogar an verschiedenen Stellen an-, bzw. durchgefressen ist. Ihn in diesem Zustande weiter zu verwenden, hat keinen Zweck, man muß die Zinkelektrode durch eine neue ersetzen. Man entfernt also die Zinkummantelung ganz; indem man den Zylinder an der Lötstelle aufschneidet und durch Abrollen entfernt. Damit liegt dann auch das Innere des Elementes frei. Steht der Zinkzylinder in einem Glasgefäß, muß erst der Verschluß gelöst werden. Da die Verguߟmasse ziemlich hart ist, und man durch Wegklopfen schließlich nur das Glasgefäß zersprengt, muß man zuvor die Verguߟmasse weich machen. Dies kann mit Hilfe einer Spiritus- oder Gasflamme bewerkstelligt werden, vorteilhafter wird man aber das Element umgekehrt in heißes Wasser tauchen, oder durch Einstellen in einen Backofen oder Behandeln mit einer elektrischen Heißluftdusche (Fön-Apparat) die Verguߟmasse weich machen. Ist sie in diesem Stadium soweit vorgeschritten, daß sie zähe, weich und dickflüssig wird, kann man durch Ziehen an der Klemmschraube bzw. dem Stab der Elektrode, das Element auseinanderziehen. Man muß aber beim Anfassen und Entfernen des Zinkzylinders darauf achten, daß man an der Hand keine Verletzungen hat, da die Anfreßstellen giftige Stoffe enthalten. Hat man die beiden Hauptteile des Elementes auseinander gezogen, wird man finden, daß die innere Elektrode, die sogenannte Kohlenbeutelelektrode mit einem dicken evtl. weichen, aber meist recht erhärteten Brei bzw. einer Kruste umgeben ist. Diese Rückstände waren die Träger des Elektrolyten. Man entfernt vorsichtig diese Reste mit einem stumpfen Messer von dem Kohlebeutel und stellt diesen zwecks Reinigung und besserer Auflösung der Rückstände in Wasser. Darauf kocht man die Beutelelektrode tüchtig aus und wäscht sie gut in fließendem Wasser. Dadurch ist sie wiederum gebrauchsfähig. Man schneidet nun entsprechend der Größe des defekten Zinkzylinders einen neuen, Abb. 41 gibt Anleitung wie man verlustlos aus einem Blech zwei neue Zinkzylinder mit Ableitungsfortsätzen schneidet, und stellt Zinkzylinder samt Beutelelektrode in ein Glasgefäß (evtl. in das vorhandene) und gibt in dasselbe als Elektrolyt eine gesättigte Salmiaklösung. Um dieselbe

Neu-Herstellung von Trocken-Elementen.

vor allzu raschem Verdunsten zu bewahren, legt man auf das Gefäß einen gut in Paraffin gekochten Deckel aus Pappe, Papiermaché, Hartpappe oder dgl. und führt die Elektrodenableitungen durch Löcher in demselben heraus. Damit hat man wieder ein leistungsfähiges Element gewonnen, das immerhin eine Spannung von ca. 1,1—1,5 Volt hat. Wenn man dasselbe reinlich hält und immer dafür sorgt, daß das verdunstete Wasser wieder nachgefüllt wird, hat man eine lang leistungsfähige Stromquelle. Gegen das Einfrieren des Elementes, die Kristallbildung an Zink und Kohle, sowie die schnelle Verdunstung der Flüssigkeit ist ein Zusatz von Kalzium (bis zu 25%/$_0$ des Salmiaks) zu empfehlen.

Man kann nach vorstehend beschriebener Methode kleine und große Trockenelemente regenerieren und wieder gebrauchsfähig machen. Auch die kleinen Einzel-Elementchen der verbrauchten Anodenbatterien lassen sich auf diese Weise wieder gebrauchsfähig machen und zu ganzen Batterien vereinigen. Man tut gut daran, besonders beim Zusammenstellen von Anodenbatterien hoher Spannung die einzelnen Elementchen sorgfältig voneinander zu isolieren,

Abb. 41. Ausschneiden der Zinkzylinder ohne Abfälle aus einem Blech.

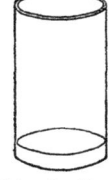

Abb. 42. Standglas für Trockenelement.

womöglich durch Eintauchen in ein Gefäß mit geschmolzenem Paraffin, so daß die Elemente nach dem Erkalten des Paraffins wie in einem Block eingegossen sind. Damit vermeidet man das Entstehen der so gefürchteten Kriechströme und eine Kurzschlußquelle für die Elemente unter sich.

b) Neu-Herstellung von Trocken-Elementen. Wer nach vorstehender Anleitung verbrauchte Trockenelemente regeneriert hat, für den ist es auch nicht schwer, ein Trockenelement sich selbst herzustellen. Nachstehend sei hierfür eine Anleitung gegeben.

Als Behälter für das Element wählt man ein Glasgefäß von passender Größe, etwa ein zylindrisch geformtes Bierglas, siehe Abb. 42; es empfiehlt sich bei Selbstherstellung nicht, den Zinkmantel als Gefäß zu benutzen. Der Zinkmantel wird nach Abb. 41 aus einem 1,5—2 mm starken Blech geschnitten. Er soll mit einem Spielraum von ca. 2—3 mm in das Glasgefäß hineinpassen. Schließlich ist noch die Kohlebeutelelektrode herzustellen, deren Durchmesser je nach der Elementgröße 2—5 cm kleiner ist, als der des Zinkzylinders. Zur Herstellung der Elektrode besorgt man sich eine gewöhnliche homogene Bogenlampenkohle, ca. 1,5—2 cm dick und ca. 15—20 cm lang. Dieser Kohlestab muß zu $3/4$—$4/5$ seiner Länge in einem mit Braunsteinkohlengemisch gefüllten Tuchbeutel stecken. Man feilt, wie in Abb. 43 gezeichnet, nahe dem unteren Ende der Kohle und ebenso an der Stelle, bis zu welcher der Beutel reichen soll, eine nur wenig tiefe Ringnut ein. Man bindet nun ein beiderseits offenes Säckchen aus starkem Leinenstoff zunächst in die untere Nut ein, und füllt es mit einem gleichteiligen Gemisch aus ziemlich fein gekörntem Braunstein und Koks (Retortenkohle). Damit der Beutel eine regelmäßige zylindrische Form erhält, umgibt man ihn mit einem Zylinder aus Pappdeckel, der mit Schnur umwunden wird, damit er einigen Druck aushält. Man preßt nun die Füllung unter Zugabe von Wasser so fest als möglich mit Hilfe eines Holzstabes in das Säckchen hinein und stampft sie fest. Hierauf wird der obere Rand des Säckchens in die obere Nut eingebunden. Nach Entfernung des Pappezylinders wird der Beutel noch mit Schnur befestigt, wie auch aus Abb. 38 ersichtlich. Der aus dem Beutel herausragende Teil der Kohle wird in kochendes Paraffin getaucht, am oberen Ende die Rundung mit der Feile etwas abgeflacht und eine Klemmschraube angesetzt, wie in Abb. 39 bzw. 37 b. Nun ist noch die Füllung des Elementes zu bewerkstelligen. Sie besteht aus feinem, reinem Sägemehl von weichem Holz, das ca. 1—2 Stunden in einer gesättigten Salmiaklösung gelegen hat. Kurz vor dem Gebrauch füllt man das Sägemehl in einen Leinenbeutel und befreit es durch leichtes Pressen von der überschüssigen Flüssigkeit. Man bringt nun in das Glasgefäß erst eine etwa 5 cm dicke Schicht dieses Sägemehles ein (auf den Boden), setzt Zinkzylinder und Kohlebeutelelektrode ein und füllt den Zwischenraum zwischen Glas, Zinkring und Beutelelektrode mit Sägemehl weiter aus und stampft es gut fest. Auch die Beutelelektrode soll vor dem Einsetzen ca. 3 Stunden in einer gesättigten Salmiaklösung gestanden haben. Durch das Einstampfen der Füllung wird sich über dieser Flüssigkeit an-

Abb. 43. Kohlestab mit eingeteilt·n Ringnuten und Klemme für die Beutel-Elektrode.

sammeln, man gießt diese Flüssigkeit erst ab, wenn die Füllung beendet ist. Die Füllung soll die obere Fläche des Kohlebeutels noch etwa 5 mm hoch bedecken. Hat man die überschüssige Flüssigkeit abgegossen, so ebnet man die Oberfläche der Füllung, steckt zwei dünne Glasröhrchen oder auch Ventilschlauchstücke ca. 5 mm tief hinein und vergießt etwa 3 mm dick mit nicht zu dünnflüssigem und heißem Paraffin. Hierauf kommt eine Lage aus Kolophonium-Wachskitt, ca. 10 mm stark. Der Kitt besteht aus ca. 50 Teilen Kolophonium geschmolzen, ca. 50 Teilen rohem Bienenwachs geschmolzen, mit Zusatz von 20 Teilen Guttapercha zur siedenden Masse. Für die oberste Deckschicht des Elementes verwendet man wieder Paraffin oder Asphalt. Abb. 40 zeigt das fertige Element im Schnitt.

Die fabrikatorische Herstellung von Trockenelementen ist ganz verschieden. Meist sind die verschiedenen Rezepte Fabrikgeheimnisse. Als Füllung für die Kohlebeutel wählt man gleiche Teile Mangandioxyd, Retortenkohle oder Graphit oder beides zusammen; 1 Teil Salmiak und gleiche Teile wie bei Retortenkohle Chlorzink. Außer Wasser zur Füllung wird oft Stärke zugesetzt oder andere teigartige Massen, um den Kontakt von Elektrolyt und Zink inniger zu gestalten. Manchmal auch noch Quecksilber, um das Zink durch Amalgamation haltbar zu machen und vor zu zeitigem Anfressen zu schützen. Das Mangandioxyd ist mit $92^0/_0$ Mangandioxyd erhältlich. Es wird granuliert oder gepulvert verwendet und soll recht porös sein und nicht zu grobkörnig, ebenso die Kohle, die mit dem Mangandioxyd gemischt wird.

Der Salmiak soll sehr rein, trocken und fein gemahlen sein. Das Zinkchlorid und das Zink der Anode sollen gleichfalls rein und frei von Eisen sein. Eindringen von Kupfer in das Innere des Elementes ist verderblich.

Ein gutes Trockenelement liefert an Strom ca. 10 Amperestunden, bei langsamer Stromentnahme steigt die Strommenge auf 30 Amperestunden und mehr. Die Spannung des offenen Stromkreises ist 1,5—1,6 Volt. Die nutzbare oder effektive Spannung beträgt durchschnittlich etwa 1,0 Volt. Den Energiegehalt eines Elementes kann man hiernach auf ca. 30 Wattstunden veranschlagen.

Der wesentlichste Bestandteil eines Trockenelementes ist der Elektrolyt, der nach drei Verfahren im Innern des Elementes untergebracht werden kann. Man läßt ihn entweder von einer porösen Masse aufsaugen, verwendet ihn zur Bildung einer gleichfalls stets feucht bleibenden Gelatine oder gießt ihn in nassem Zustande ein und sorgt dann durch die Deckelkonstruktion dafür, daß nichts davon entweicht. Zum Aufsaugen des Elektrolyten dienen die verschiedenartigsten Stoffe wie Sägespäne, Holzwolle, Hanf, Sand, Infusorienerde, Ton, Watte, Ramiefaser, Mehl, Löschpapier, Seidenpapier, Kohle, Kokosnußkohle, von denen die letztere sich dadurch auszeichnet, daß sie besonders große Mengen, nämlich ihr eignes Volumen an Elektrolyt aufzusaugen vermag.

Die Trockenelemente mit Gelatine zur Aufnahme des Elektrolyten werden durch Verwendung von Leim, Gelatine, sowie vor allem von Magnesia und Zinkoxyd gewonnen. Auch Glaswolle eignet sich sehr gut dazu. Aber dieser Elektrolyt erhärtet unter Wärmeentwicklung mit der Zeit.

Der Elektrolyt besteht in der Regel aus irgendeinem Chlorsalze, vor allem aus Chlorammonium (Salmiak), Chlorzink und Chlormagnesium. Gewöhnlich werden Chlorzink und Chlorammonium verwendet, und zwar so, daß ein Gewichtsteil in etwa siebzig Teilen Wasser gelöst ist.

In den Ausführungen gibt es zwei Arten von Trockenelementen, solche, die gleich betriebsfertig und solche, die als Lagerelemente in den Handel kommen, und erst bei Inbetriebnahme, durch Auffüllen mit Wasser, ihre eigentliche Wirksamkeit erlangen. Letztere Art sind eigentlich die richtigen und den Namen verdienenden Trockenelemente.

c) Selbstherstellung von konstanten und kräftigen Primär-Elementen für Röhrenheizung und Anodenspannung. Ein sehr einfaches und auch leicht herzustellendes Element ist das vorstehend schon beschriebene Leclanché-Element. Man kann sich die in Abb. 37 a u. b angeführten Bestandteile sämtlich kaufen. Als Glasgefäße können Einmachgläser in der gewöhnlichen Ausführung benutzt werden. Jedoch sind auch richtige Elementengläser zu kaufen. Den Zinkzylinder kann man gut aus 1,5—2 mm dickem Zinkblech biegen. Man versieht ihn mit drei Ansätzen, die ihn auf dem Glasrand aufliegend, tragen. Für die erste Ausführung nach Teilbild a, Abb. 37, füllt man den hohlen Kohlezylinder mit feingekörntem Braunstein und verschließt den Zylinder unten mit einem

Selbstherstellung von konstanten und kräftigen Primär-Elementen. 43

Kork. Oben an der Kohlenelektrode wird, wie aus der Abbildung ersichtlich, eine Klemmschraube befestigt. Nach Einschütten von Salmiaklösung ist dann das Element betriebsfertig. Die Ausführung nach Teilbild b der Abb. 37 zeigt einen porösen Tonzylinder, in dem ein Kohlenstab steht, eingebettet in ein gleichteiliges Gemisch von feinkörnigem Braunstein und feingekörnter Retortenkohle (Reststücke von Bogenlampenkohlen) oder Koks. Der Kohlestab soll den Tonzylinder um einige Zentimenter überragen. Die Braunsteinkohlefüllung darf den Tonzylinder auch nicht ganz ausfüllen, es muß ca. 2—3 cm oben freibleiben, dieser Raum wird dann mit Kolophonium, wie aus der Abb. 37b ersichtlich, ausgegossen. Es empfiehlt sich, alle aus der Salmiaklösung herausragenden Teile der Elemente einige Minuten in kochendes Paraffin zu tauchen.

Zur Abgabe eines möglichst konstanten und starken Stromes eignen sich auch sehr gut Bunsen- oder Daniell-Elemente, vor allem zur Zusammenstellung von Heizbatterien. Zunächst sollen allgemein die Bestandteile der beiden Elementtypen beschrieben werden.

Das Bunsenelement besteht aus einem Glasgefäß, in dem ein dicker Zinkzylinder steht; in dem Gefäß befindet sich verdünnte Schwefelsäure (ca. 10 Teile Wasser auf 1 Teil Schwefelsäure) und ein poröser Tonzylinder, in dem in konzentrierter gewöhnlicher Salpetersäure ein starker Kohlenstab steht. Die elektromotorische Kraft dieses Elementes ist ca. 1,9—2 Volt.

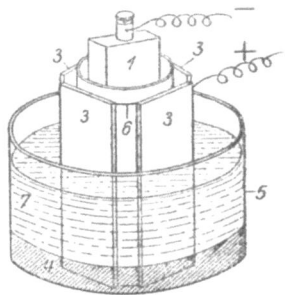

Abb. 44. Verbessertes Bunsen-Element. 1. Zinkplatte. 2. Tonzylinder. 3. Kohleplatten. 4. Depolarisator. 5. Glasgefäß. 6. Verbindungen der Kohleplatten. 7. Elektrolyt.

Auch das sogenannte Daniellsche Element besteht aus einem Glasgefäß mit einem porösen Tonzylinder. Im Glasgefäß steht ein Kupferzylinder in gesättigter Kupfervitriollösung, in dem Tonzylinder steht ein starker Zinkstab oder Zinkmantel in verdünnter Schwefelsäure oder auch in Zinksulfatlösung. Die elektromotorische Kraft des Daniell-Elementes beträgt ca. 1—1,2 Volt.

Zur Selbstanfertigung des Bunsen-Elementes empfiehlt sich die etwas verbesserte Form, wie sie in Abb. 44 wiedergegeben ist. Die Kohlenelektrode wird aus vier flachen Kohleplatten hergestellt. Dieselben werden, ungefähr ein Viereck bildend, um den

Tonzylinder herum aufgestellt. Selbstverständlich müssen die vier Platten gut leitend miteinander verbunden werden. Das geschieht am besten dadurch, daß man die Kohleplatten oben mit Klemmschrauben nach Abb. 45 versieht und durch die Klemmschrauben nach Abb. 46 einen starken blanken Kupferdraht hindurchzieht. Die oberen Teile der Kohle müssen in kochendes Paraffin getaucht werden, die Metallteile werden mit Asphaltlack bestrichen. Um zu verhindern, daß sich der Zinkzylinder zu rasch auflöst, gießt man auf den Boden der Tonzelle etwas Quecksilber und stellt dann erst einen gut amalgamierten Zinkzylinder oder Zinkstab hinein. — Das Amalgamieren wird so vorgenommen, daß man den Zinkzylinder oder Zinkstab tüchtig mit Amalgam einreibt. Amalgam stellt man her, indem man in einem Tontiegel erst 1 Gewichtsteil Zinn, und wenn alles

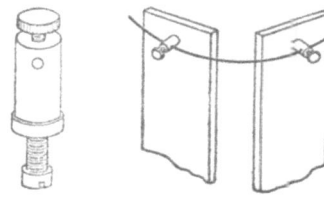

Abb. 45. Klemmschrauben für die Kohleplatten.

Abb. 46. Verbindung der einzelnen Kohleplatten.

geschmolzen, 1 Gewichtsteil Zink zugibt. Ist auch dies verflüssigt, so nimmt man den Tiegel vom Feuer und schüttet unter Umrühren 2 Gewichtsteile Quecksilber (vorher etwas anwärmen) zu. Unter ständigem Umrühren wird dann die ganze Mischung in Wasser gegossen. Dabei entstehen Amalgamkörnchen, die zwischen Filtrierpapier getrocknet und in einer Reibschale zu Pulver verrieben werden. — Nun muß das Element noch gefüllt werden. Man gießt zunächst auf den Boden des Glasgefäßes einige Zentimeter hoch den sogenannten Depolarisator. Er wird hergestellt durch Zusammenrühren von 6 Teilen pulverisiertem doppeltchromsaurem Kali, 60 Teilen Kalialaun unter Zugießen von 10 Teilen konzentrierter Schwefelsäure. Dann wird der Tonzylinder mit verdünnter Schwefelsäure (1 : 10) und dann das Glasgefäß mit verdünnter Chromsäure (1 : 9; 1 Gewichtsteil doppeltchromsaures Kali, 12 Gewichtsteile Wasser und 2 Gewichtsteile Schwefelsäure) angefüllt. Damit ist dann das Element betriebsfertig. Wird das Element reinlich gehalten und gut gewartet, so bleibt es lange leistungsfähig.

Das Daniell-Element, wie vorstehend beschrieben, selbst herzustellen, ist zu kompliziert, auch dürfte es nicht so ganz leicht sein, die erforderlichen Spezialgefäße zu erhalten. Man wird daher besser eine Abart desselben, das vereinfachte Meidinger-Element der Reichstelegraphenverwaltung benutzen. Es besteht nach Abb. 47 aus einem Standglas, einer auf dem Boden desselben liegenden Bleiplatte mit Stiel und Klemme sowie einem starken (möglichst gegossenem) Zinkzylinder mit Ableitungsdraht. Man gibt nun das mit etwas Bittersalz versetzte Wasser in das zusammengesetzte Element und gibt reichlich Kupfervitriolstücke in die Lösung. Man muß das Element dadurch unterhalten, daß man etwa alle Woche einige Stückchen Kupfervitriol in das Element gibt. Der Zusatz muß so sein, daß die blaugrüne Färbung im unteren Teil des Glases einige Zentimeter vom Zinkzylinder entfernt bleibt. Man muß auch das Element ruhig an einem gut beleuchteten aber nicht dem Sonnenlichte ausgesetzten Platze stehen lassen. Auch hier tut das Element gute Dienste, wenn es regelmäßig gewartet und versorgt wird. Die Einzelteile zum Element sind überall käuflich, bzw. in jedem größeren Installationsgeschäft oder Lehrmittelanstalt zu haben.

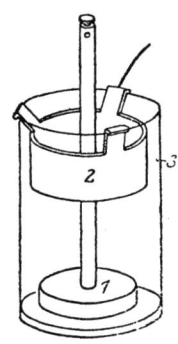

Abb. 47. Meidinger-Element (Vereinfachtes Daniell-Element). 1. Bleiplatte mit Ableitung. 2. Zinkring. 3. Glasgefäß.

Zusammenfassung.

Die vorstehenden Kapitel behandeln ausführlich die Ladeeinrichtungen für die Akkumulatoren von Heiz- und Anodenbatterien sowie die Wiederherstellung von verbrauchten Trockenelementen, wie sie vor allem als Anodenbatterien und in neuerer Zeit auch als Heizbatterien im Handel sind.

Wenn die Fabrikate der einzelnen besseren, Trockenelemente herstellenden Firmen auch sehr hochwertig sind, so muß man auch bei normalem Gebrauch doch nach 2 Monaten, manchmal sogar schon früher, zu einem Ersatz der Trockenbatterien schreiten. Die Anodenbatterie mit einer Spannung von 60—90 Volt, vor allem wenn sie gutes Fabrikat ist, verursacht immerhin noch eine Ausgabe von ca. 8—12 Goldmark, und diese Ausgabe sich so ca. alle 2 Monate machen zu müssen, macht sich doch recht unangenehm bemerkbar. Da gibt es denn zur Abhilfe zwei Wege. Man stellt sich auch für die Anodenspannung Akkumulatoren zu einer Batterie zusammen, oder man regeneriert seine verbrauchte Batterie, wie vorstehend näher ausgeführt, bzw. man stellt sich eine neue, sogenannte „nasse" Batterie her.

Die Herstellung von kleinen Akkumulatoren in einfacher und besserer Ausführung ist ausführlich beschrieben in Spreen: Stromquellen für den Röhrenempfang, so daß es sich erübrigt, noch besonders darauf einzugehen. Die Ladung der Akkumulatoren-Anodenbatterie kann unter Vorschalten eines entsprechend hohen Widerstandes (ca. 300—900 Ohm bei 110 Volt Netzspannung und ca. 1400—2000 Ohm bei 220 Volt Netzspannung) direkt im Anschluß an das Netz erfolgen. Eine Sparschaltung läßt sich hier, der großen Zellenzahl wegen, nicht anwenden, ist auch wohl nicht nötig, denn diese kleinen Elemente benötigen nur eine geringe Stromstärke zur Auflading und vor allen Dingen nur eine kurze Zeit von ca. 2—3 Stunden.

Die Ladevorrichtungen für Akkumulatoren sind in mannigfachster Ausführung beschrieben. Es wurde jedoch vermieden, nicht wirtschaftliche Anordnungen oder kostspielige Einrichtungen besonders eingehend zu beschreiben. Daher wurde auch über das Aufladen der Akkumulatoren mit Primärelementen weder eine Einrichtung erwähnt noch beschrieben. Die doppelte Energieumsetzung ist zu kostspielig und unwirtschaftlich. Man verwendet da besser entweder nur das Primärelement zum Betrieb der Röhren, oder den Akkumulator, den man alsdann nach einer der vorstehend beschriebenen wirtschaftlichen Weisen wieder auflädt.

Unter den Regeneriervorrichtungen wurde auch die Neuherstellung von Elementen und Batterien gebracht; denn im Grunde genommen ist ja die Regenerierung nichts anderes als eine Neuherstellung des Elementes. Wohl werden vorhandene und noch nicht verbrauchte Teile des Elementes benutzt, doch sind auch wesentliche Teile vollständig neu zu beschaffen. Damit ist auch die Tendenz gegeben, die beim gebrauchten Element noch vorhandenen und noch zu verwendenden Teile ganz neu zu beschaffen, und so von Grund auf das ganze Element neu aufzubauen.

In früheren Jahren wurde noch viel mehr mit Elementen, und zwar hauptsächlich mit den primären, nassen Elementen gearbeitet, so daß es damals sehr viel leichter war, auch kompliziertere Einzelteile zum Selbstbau der primären Elemente der verschiedensten Typen zu bekommen. Damals, als die Gasbeleuchtung noch in den meisten Wohnungen vorherrschend war und jede elektrische Hausklingel ihre besonderen Elemente hatte, die sich durch sehr oftes Nichtfunktionieren unangenehm bemerkbar machten, da war die hauptsächlichste Zeit der Primärelemente. Da hatte auch jeder Junge bald seine eigene kleine elektrische Beleuchtungsanlage, gespeist von meist selbstgebauten Primärelementen.

Das Überhandnehmen von Überlandwerken und die Ausdehnung der Elektrizitätsversorgung allerorten hat hierin einen gründlichen Wandel geschaffen. Die Hausklingel wird aus der Starkstromleitung mit Hilfe des Klingeltransformators gespeist, die Primärelemente sind mit verschwindend wenig Ausnahmen (Taschenlampen, Elektrisierapparate, galvanische Heilapparate u. dgl.) fast ganz verschwunden, nur die sekundären Elemente, die Akkumulatoren oder Sammler haben wieder einen Aufschwung erlebt durch ihre Verwendung in der Lichtanlage für das Motorrad und in der Licht- und Starteranlage für Automobile, Flugzeuge und Motorboote, Elektrofahrzeuge u. dgl., elektrische Zugbeleuchtung usw. Dabei wird aber das Aufladen der Batterie ganz von selbst und unmerklich besorgt in Schaltungen und Kombinationen, die für den Rundfunkbetrieb einfach nicht zu gebrauchen sind. So erst wurde der Mangel fühlbar und die Unvollkommenheiten offenbar, die dem Rundfunkbetrieb mit Batteriespeisung noch anhängen. Man versuchte schon mit den verschiedensten Mitteln die Batterien zu ersetzen und den erforderlichen Gleichstrom für die Anodenspannung und die Röhrenheizung direkt oder durch Umformung aus dem Lichtnetz zu gewinnen, aber man hat dabei immer noch keine restlos guten Erfolge damit erzielt. Diese Apparate, die unter dem Namen Netzanschlußgerät vielfach im Handel sind, haben alle zusammen den Hauptmangel der Unwirtschaftlichkeit mindestens in bezug auf die Heizung, dann bringen sie auch manche Störgeräusche mit in den Apparat. Sind sie direkt am Gleichstrom angeschlossen, so pflegen sie viel von den Netzstörungen mit in den Apparat zu geben, denn selten hat das Lichtnetz einen reinen Gleichstrom. Meist handelt es sich um Gleichstrom, der kein reiner Gleichstrom ist, wie zum Beispiel der von Akkumulatoren oder Primärelementen gelieferte, sondern um gleichgerichtete Wechselströme, Gleichstrom, gewonnen durch Umformung in Maschinen, Umformern, Gleichrichtern usw., also Gleichströme, die noch eine Wechselstromkomponente enthalten. Derartig umgeformte Gleichströme bieten der Verwendung durch ihre Eigengeräusche und beträchtliche Störungen Schwierigkeiten. Auch die Netzanschlußgeräte, die Wechselstrom in Gleichstrom umformen, zum Anschluß von Rundfunkgeräten, sind oft nicht ganz frei von Geräuschen. Die Netzanschlußgeräte sind noch recht komplizierte Apparate, die sich in der Anschaffung noch reichlich hoch stellen, sie haben noch einen Anschaffungspreis, der weit über den Betrag hinausgeht, der auf dem normalen Konto für Anschaffungen steht. Darum gehen wohl die Bestrebungen auch dahin, einen solchen Apparat möglichst selbst zu bauen. Man darf sich nicht verhehlen, daß die Herstellung eines solchen Apparates große Schwierigkeiten und auch größere Geldausgaben erfordert, denn es sind dazu Einzelheiten nötig und Einzelteile erforderlich, die sich eben nicht selbst herstellen lassen, wie z. B. die erforderlichen Gleichrichter- und Umwandlungsröhren. Aber immerhin verlohnt sich für den ernsten Amateur die Arbeit, und im nachstehenden Anhang soll eingehend der Bau eines Netzanschlußgerätes zum Anschluß an Wechselstrom, also das normale Lichtnetz der Überlandzentralen mit einer Spannung von 110 oder 220 Volt beschrieben werden. Es werden sich bei der Inbetriebnahme noch manche Schwierigkeiten durch Störgeräusche und Spannungsdifferenzen herausstellen, aber auch dieser Schwierigkeiten wird der Funkfreund Herr werden.

C. Anhang: Netzanschlußgeräte
(unter besonderer Berücksichtigung der Selbstherstellung).

Wie aus dem vorstehenden ersichtlich, bringt der Batteriebetrieb immer noch recht sehr viele Kompliziertheiten mit sich, so daß wohl der Wunsch begreiflich ist, sich über all diese Umständlichkeiten hinwegzusetzen, und den Empfangsapparat direkt an die Lichtleitung bzw. das in der Wohnung befindliche Starkstromnetz anzuschließen.

Um dieses Bedürfnis zu befriedigen, sind auch von der Industrie Apparate auf den Markt gebracht worden, die unter dem Namen „Netzanschlußgeräte" wohl bekannt sind.

In dem Bibliotheksbändchen: Spreen: Stromquellen für den Röhrenempfang, sind ausführliche Angaben über diese Apparate

Anhang: Netzanschlußgeräte. 49

enthalten, so daß es sich erübrigt, hier nochmals darauf einzugehen.

Diese Apparate sind aber, wie schon vorstehend bemerkt, noch sehr kompliziert und zu teuer, als daß sie wohl ernstlich für den einzelnen Funkfreund in Frage kämen; und an den Selbstbau soll man nicht eher heran gehen, bis man eingehend mit der Materie vertraut ist.

Man muß sich vor allem darüber klar sein, was es bedeutet, direkt den Starkstrom aus der Anlage in den Apparat zu führen, und muß sich auch darüber klar sein, was es bedeutet, direkt einen Pol der Lichtleitung über das Netzanschlußgerät und den Empfänger hinweg zu erden. Man wird also ernstlich darauf Rücksicht nehmen müssen, den Anschluß so betriebssicher zu gestalten, daß die den Apparat bedienenden Personen keinen Schaden dadurch erleiten, daß Teile des Apparates evtl. die volle Spannung der Lichtleitung führen. Es sei hier besonders an die Anschlußklemmen für die Anodenspannung gedacht. Die den Apparat Bedienenden müssen also immerhin einige Vorsicht walten lassen. Es dürfte sich auch empfehlen, in Fragen der Heranziehung der Lichtleitung den Rat eines erfahrenen Installateurs, der mit den Stromverhältnissen in der Starkstromleitung genau vertraut ist, einzuholen.

Es sollen nun nachstehend entsprechende Angaben gemacht werden, die besonders den Selbstbau von Netzanschlußgeräten betonen. Man unterscheidet hierbei verschiedene Fälle:

Es ist zum Anschluß Gleichstrom aus einer Batterie mit einer Spannung von 65 Volt vorhanden.

Dieser Fall ist der einfachste, wohl aber auch der seltenste, kommt aber immerhin noch vor; man findet diese Spannung noch in kleineren Zentralen, wie Mühlen, Sägewerken und ganz kleinen örtlichen Elektrizitätswerken oder auch kleinen örtlichen Sonderzentralen für elektrische Energie.

Die Spannungsschwankungen, die in diesem Falle auftreten, sind wohl so gering, daß sie vernachlässigt werden können. Man wird dann die Anordnung für den Anschluß gemäß dem Schema Abb. 48 vornehmen. Wenn möglich, wird man durch einen dritten Leiter von der Akkumulatorenbatterie besondere Elemente für die Heizung abgrenzen, wie im Schema angedeutet. Geht dies nicht, so muß man durch einen Widerstand die Spannung auf den für die Röhrenheizung erforderlichen Betrag heruntterdrosseln. Die Anlage ergibt sich dann nach Schema Abb. 49. Ebenfalls muß man durch Widerstände drosseln, wenn die Gleichspannung zu hoch ist, also etwa 110 oder gar 220 Volt beträgt. Solche Drosselwiderstände, als Schiebe-Regulierwiderstände ausgebildet, sind für jede gewünschte Stromstärke oder Spannungsdrosselung von den einschlägigen Spezialfirmen (Physikalische Werkstätten Göttingen, Gebr. Ruhstrat, Göttingen z. B.) in billiger Preis-

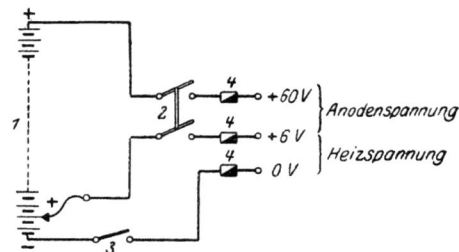

Abb. 48. Gleichstrom-Netz-Anschluß bei Netzspeisung durch Akkumulatorenbatterie. 1. Batterie. 2. Zweipoliger Schalter für die Anodenspannung. 3. Einpoliger Schalter für die Heizspannung. 4. Einzelsicherungen für die Anschlüsse.

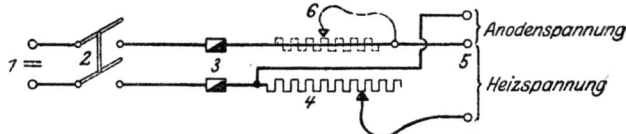

Abb. 49. Gleichstrom-Netz-Anschluß ohne mögliche Batterie-Anzapfung. 1. Starkstrom-Anschluß. 2. Zweipoliger Schalter. 3. Sicherungen. 4. Drosselwiderstand für die Heizspannung. 5. Anschluß für den Empfänger. 6. Evtl. nötiger Drosselwiderstand bei zu hoher Netzspannung.

lage zu haben. Wer sich derartige Widerstände selbst berechnen will, muß hierzu das Ohmsche Gesetz in Anwendung bringen.

Es steht Gleichstrom aus einem Netz, das von Maschinen gespeist wird, zur Verfügung.

Nun wird aber meist der Fall so liegen, daß man aus dem Netz den Anschluß entnimmt, das keinen Batteriestrom, sondern Maschinengleichstrom liefert. Da müssen dann besondere Vorkehrungen getroffen werden, um zu verhindern, daß die Störungen des Netzes in den Apparat dringen. Man bedient sich für diesen Zweck besonders der Drosselspulen und auch der Kondensatoren.

Die Zusammenstellung eines derartigen Anschlußgerätes zeigt das Schema Abb. 50. Stimmt die Anschlußspannung nicht, ist

Anhang: Netzanschlußgeräte.

sie also zu hoch, so kann man wiederum, wie schon hier beschrieben, durch Regulier-Schieberwiderstände drosseln, oder man benutzt hierzu Glühlampen, wie in dem Schema der Abb. 51 angegeben.

Zeigt das Netz starke Spannungsschwankungen, so müssen diese erst kompensiert werden, ehe das Empfangsgerät angeschlossen wird. Man bedient sich zu diesem Zwecke der sog. ,,Variatoren", der Eisen-Wasserstoffwiderstände, die immerhin innerhalb eines gewissen Bereiches die Spannung konstant halten. Zu diesem Zweck ist es natürlich erforderlich, daß das Regulier-

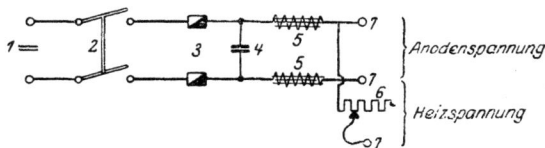

Abb. 50. Gleichstrom-Netz-Anschluß für durch Maschinen gespeistes Netz. 1. Starkstrom-Anschluß. 2. Zweipoliger Schalter. 3. Sicherlager. 4. Kondensator. 5. Drosselspulen. 6. Drosselwiderstand für die Heizspannung. 7. Anschluß für den Empfänger.

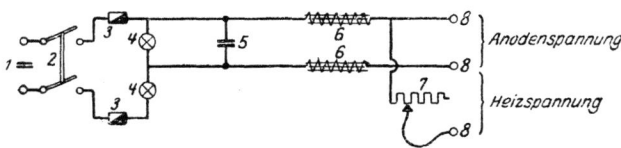

Abb. 51. Gleichstrom-Netz-Anschluß für durch Maschinen gespeistes Netz mit Spannungsreduzierung durch Glühlampen. 1. Starkstrom-Anschluß. 2. Zweipoliger Schalter. 3. Sicherungen. 4. Glühlampen zur Spannungsreduktion. 5. Kondensator. 6. Drosselspulen. 7. Drosselwiderstand für die Heizspannung. 8. Anschlüsse für den Empfänger.

gebiet entsprechend den Netzschwankungen gewählt wird. Die Netzschwankungen lassen sich ja einfach durch entsprechende Messungen festlegen.

Man muß dann den Eisen-Wasserstoffwiderstand für diese Spannungsschwankung und für die höchste auftretende Strombelastung beschaffen. Diese Widerstände werden von der Osram G. m. b. H. in Glühlampenform mit Sockel zum Einschrauben hergestellt und in den verschiedensten Variationen in den Handel gebracht. Der Preis bewegt sich auch ungefähr in der Höhe des Preises einer Glühlampe.

Das Schema der Abb. 52 zeigt die Schaltung eines Netzanschlußgerätes mit vorgeschaltetem Eisen-Wasserstoffwiderstand für Gleichstrom.

4*

Es steht nur Wechselstrom zur Verfügung:

Im Heft 12 vom 11. Juli 1924 des „Radio-Amateurs", Seite 303 und 304 ist eine einfache Zusammenstellung beschrieben, die es gestattet, die Anoden- und Gitterspannung direkt aus dem Wechselstromnetz zu entnehmen. Nachstehend soll nun eine Zusammenstellung beschrieben werden, die nach demselben Prinzip arbeitet, aber gleichzeitig auch gestattet, den Heizstrom für die Röhren dem Wechselstromnetz zu entnehmen.

Abb. 52. Netz-Anschluß mit „Variator" (Eisen-Wasserstoff-Widerstand) zur Regelung von Spannungsschwankungen im Netz.

Das Gerät stellt nichts anderes dar als einen Gleichrichter, wobei der Wechselstrom in besonderen Gleichrichterröhren umgeformt wird, und zwar der Heizstrom und der Anodenstrom für sich.

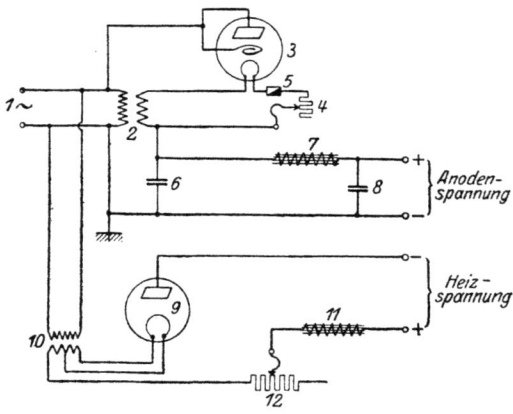

Abb. 53. Wechselstrom-Netz-Anschluß-Gerät für größere Gleichstrombelastung mit Edelgas-Gleichrichterröhre. 1. Wechselstrom-Anschluß. 2. Heiz-Transformator. 3. Kathodenröhre. 4. Vorschaltwiderstand. 5. Sicherung. 6. Blockkondensator. 7. Drosselspule. 8. Blockkondensator. 9. Edelgas-Gleichrichterröhre. 10. Umspann-Transformator. 11. Drosselspule. 12. Heiz-Regulierwiderstand.

Diese Gleichrichterröhren liefern aber Gleichströme der Kurvenform, wie in Abb. 5 und 6 angegeben. Wohl ist ein Plus in der einen Halbwelle da, doch zeigen die Kurven immer noch eine recht ausgeprägte Sinusform, wenn auch verzerrt, Abb. 4 zeigt dagegen einen Gleichstrom, wie er von Akkumulatoren oder Primärelementen geliefert wird. Abb. 53 zeigt das prinzipielle Schaltschema für den Gleichrichter. Der Anodenstrom wird gleichgerichtet durch

Anhang: Netzanschlußgeräte. 53

eine normale Elektronenröhre, wie sie als Audion- oder Verstärkerröhre in den normalen Röhrenempfängern benutzt wird. Sehr gut eignen sich diese für Zwecke die normalen Röhren, mit einem Heizstromverbrauch von ca. 0,5 Amp. und einer Anodenspannung von ca. 60—120 Volt. Zur Heizung der Röhre verwendet man gleichfalls Wechselstrom, den man durch einen kleinen Transformator (etwa einen Klingeltransformator) in die für die Heizung erforderliche Spannung umwandelt. Die Transformierung des Stromes ist bedeutend wirtschaftlicher wie das energievernichtende Verfahren, durch Vorschalten von Widerständen die erforderliche niedere Heizspannung zu erhalten. Die Elektronenröhre in ihrer Funktion als Gleichrichterröhre genügt zur Lieferung des Anodengleichstromes für einen 3-Röhrenempfänger. Sollen mehr Empfängerröhren mit so gewonnenem Gleichstrom gespeist werden, müssen zur Gleichrichtung Elektronenröhren mit größerer Emission oder mehrere Elektronenröhren in Parallelschaltung verwendet werden. Zur Gewinnung des für die Heizung erforderlichen Gleichstromes benutzt man am besten reguläre Gleichrichterröhren, und zwar bei Verwendung von Sparröhren sogenannte Glimmlicht-Gleichrichterröhren, nach Abb. 54, wobei zu beachten ist, daß eine Röhre mit maximal

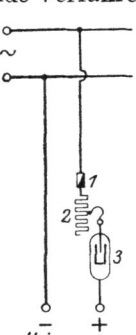

Abb. 54. Heizenergie-Gleichrichter für Sparröhren mit Glimmlichtröhre.
1. Sicherung. 2. Vorschaltwiderstand.
3. Glimmröhre.

0,2 Amp. belastet werden kann (eine höhere Stromstärke schädigt die Röhre) bei Verwendung von normalen Wolfram-Kathodenröhren Gleichrichter-Glaskörper, wie sie in den Tungar- oder Ramargleichrichtern Verwendung finden; diese Glaskörper bzw. Gleichrichterröhren können bis zu 1,5, 3 und sogar 5 Amp. belastet werden. Der Anschluß dieser Röhren geht gleichfalls aus dem Schaltschema in Abb. 53 hervor. Auch diese Röhre wird mittels Wechselstrom geheizt, der in einem besonderen Transformator umgeformt wird. Zur genauen Einstellung der Heizung bzw. der erforderlichen Heizspannung wird sich die Anbringung eines besonderen Regulier-Schieberwiderstandes empfehlen, desgleichen die Einschaltung der Spannungsmesser (möglichst Drehspulinstrumente) für Heiz- und Anodenstrom.

Der aus den Gleichrichterröhren gewonnene Gleichstrom ist

aber, wie schon die Kurven der Abb. 55 zeigen, nur ein pulsierender Gleichstrom, d. h. eigentlich ein gleichgerichteter Wechselstrom. Man muß diese Pulsationen erst noch abflachen, d. h. die Wellenform so vermindern, daß sich die neu entstehende Kurve nach Abb. 56 mehr der Gleichstromkurvenform des reinen Gleichstromes nach Abb. 4 nähert. Dies wird erreicht durch die im Schaltschema gleichfalls angedeuteten Drosselspulen. Bezüglich des Widerstandes richte man sich ganz nach den Angaben in Heft 12 des „Radio-Amateurs". Die Drahtstärke für die Windungen der Spule muß aber so gewählt sein, daß die Wicklung die durch die Gleichstromentnahme entstehende Belastung aushält; sowohl beim Anoden-

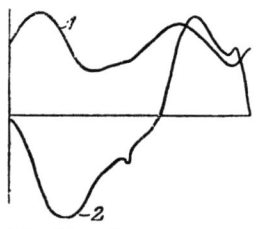

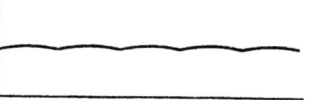

Abb. 55. Spannungskurve von gleichgerichteten Wechselströmen. 1. Gleichgerichteter Wechselstrom. 2. Ursprungs-Wechselstrom.

Abb. 56. Gleichgerichteter Wechselstrom durch Drosselspulen kompensiert.

strom, als auch beim Heizstrom. Man tut gut daran, Drosselspulen verschiedener Windungszahl in ihrer abflachenden Wirkung zu probieren, um die bestmöglichste Kurvenform für den zu benutzenden Gleichstrom zu erhalten. Man wird den pulsierenden Gleichstrom bzw. gleichgerichteten Wechselstrom mittels eines Kopfhörers am besten wahrnehmen können und ist auch in der Lage, bei abnehmendem Summen zu konstatieren, ob der gleichgerichtete Wechselstrom in seiner Kurvenform zur Verwendung geeigneter ist, bzw. ob die Drosselspulen eine verbessernde abflachende Wirkung hervorgebracht haben.

Der vorstehend beschriebene Gleichrichter hat ganz gute Erfolge gezeigt. Doch wird seine Herstellung immerhin ziemlich teuer. Gerade die Hauptbestandteile, die Röhren für die Gleichrichtung, insonderheit die Edelgasröhren stellen sich im Preise ziemlich hoch. Man kann sich für den Preis schon eine gute Akkumulatorenheizbatterie kaufen und einen Akkumulator auch für die Anodenbatterie sich selbst herstellen nebst den zugehörigen Ladeeinrichtungen. Es handelt sich aber nur um die Unbequemlichkeit und Umständlichkeit des Aufladens bzw. um die nicht immer vorhandene Betriebsbereitschaft des Akkumulators.

Der Gleichrichter bzw. das Netzanschlußgerät bietet in seiner Zusammenstellung immer noch eine große Kompliziertheit in der Funktion und enthält vor allem in den Gleichrichterröhren empfindliche Einzelteile, die sehr dem Verschleiß unterworfen sind. Man wird also nicht sehr viel an Kosten sparen gegenüber dem Batteriebetrieb. Man kann sich ja, wie vorstehend beschrieben, mit einfachen Mitteln sehr gute und dauerhafte Primär- und Sekundärelemente herstellen, die ihre Aufgabe restlos zu erfüllen vermögen und einen einwandfreien Betrieb der Röhrenapparate für den Rundfunk ermöglichen.

Allerdings wird man nicht umhin können, sich genau damit vertraut zu machen, um den auftretenden unangenehmen Begleitumständen durch Störungen in der Energielieferung gewachsen zu sein und sofort wirksam eingreifen zu können.

Dann wird auch der Batteriebetrieb seine Unannehmlichkeiten verlieren und man wird allmählich mit den auftretenden Erscheinungen so vertraut werden, bzw. schon die Maßnahmen ergreifen, um Störungen zu begegnen, daß auch der Batteriebetrieb ein störungsloses Arbeiten bzw. einen einwandfreien Empfang gewährleistet.

Nachtrag.

Während der Drucklegung dieses Buches ist noch eine bemerkenswerte Neuerscheinung auf den Markt gekommen, die als sogenannte aufladbare Primärelemente von der Firma Wigginghaus & Heese in Plettenberg (Westf.) herausgebracht wurde. Die Elemente werden als Leclanchétyp gebaut, speziell mit nasser Füllung. Der Elektrolyt hat eine besondere Zusammensetzung, die bei Wiederaufladung (im Anschluß an eine Gleichstromquelle) eine restlose Depolarisation mit den in der Zelle befindlichen Stoffen bewirken soll, so daß keinerlei Verbrauch in der Zelle selbst stattfindet.

Diese Elemente werden zu Heiz- und Anodenbatterien zusammengestellt, ungefüllt versandt und sind zur Inbetriebnahme mittels des Elektrolyten zu füllen, der durch Auflösung des beigegebenen Salzes in abgekochtem Wasser hergestellt wird. Der

Elektrolyt enthält keinerlei Säuren oder ätzende Flüssigkeiten, so daß keine Gefahr oder Schädigung bei Auslauf oder Verspritzen eintreten kann.

Nach den Angaben der herstellenden Firma sollen die Batterien stets wieder aufladbar sein und eine unbegrenzte Lebensdauer besitzen, auch soll eine Aufladung in viel längeren Zwischenräumen wie etwa bei Akkumulatoren erforderlich werden. Somit hätte eine wie vorstehend beschriebene Batterie gegenüber den Akkumulatoren oder den Trockenbatterien viele Vorteile, falls die angeführten Vorzüge auf die Dauer vorhanden sind.

Verlag von Julius Springer in Berlin W 9

Bibliothek des Radio-Amateurs. Herausgegeben von Dr. Eugen Nesper.

1. Band: **Meßtechnik für Radio-Amateure.** Von Dr. **Eugen Nesper.** Dritte Auflage. Mit 48 Textabbildungen. (56 S.) 1925.
0.90 Reichsmark
2. Band: **Die physikalischen Grundlagen der Radiotechnik.** Von Dr. **Wilhelm Spreen.** Dritte, verbesserte und vermehrte Auflage. Mit 127 Textabbildungen. (162 S.) 1925. 2.70 Reichsmark
3. Band: **Schaltungsbuch für Radio-Amateure.** Von Karl **Treyse.** Dritte, vollständig umgearbeitete und erweiterte Auflage. Mit etwa 175 Textabbildungen. Erscheint im Januar 1926.
4. Band: **Die Röhre und ihre Anwendung.** Von **Hellmuth C. Riepka.** Dritte, veränderte und vermehrte Auflage.
Erscheiut im Januar 1926.
5. Band: **Praktischer Rahmen-Empfang.** Von Ing. **Max Baumgart.** Zweite, vermehrte und verbesserte Auflage. Mit 51 Textabbildungen. (82 S.) 1925. 1.80 Reichsmark
6. Band: **Stromquellen für den Röhrenempfang** (Batterien und Akkumulatoren). Von Dr. **Wilhelm Spreen.** Mit 61 Textabbildungen. (76 S.) 1924. 1.50 Reichsmark
7. Band: **Wie baue ich einen einfachen Detektor-Empfänger?** Von Dr. **Eugen Nesper.** Zweite Auflage. Mit 31 Abbildungen im Text und auf einer Tafel. (60 S.) 1925. 1.35 Reichsmark
8. Band: **Nomographische Tafeln für den Gebrauch in der Radiotechnik.** Von Dr. **Ludwig Bergmann.** Mit 53 Textabbildungen und zwei Tafeln. Zweite Auflage. (91 S.) 1926. 2.70 Reichsmark
9. Band: **Der Neutrodyne-Empfänger.** Von Dr. **Rosa Horsky.** Mit 57 Textabbildungen. (53 S.) 1925. 1.50 Reichsmark
10. Band: **Wie lernt man morsen?** Von Studienrat **Julius Albrecht.** Zweite Auflage. Mit 7 Textabbildungen. (44 S.) 1925. 1.35 Reichsmark
11. Band: **Der Niederfrequenz-Verstärker.** Von Ing. **O. Kappelmayer.** Zweite, verbesserte Auflage. Mit 57 Textabbildungen. (112 S.) 1925. 1.80 Reichsmark
12. Band: **Formeln und Tabellen** aus dem Gebiete der Funktechnik. Von Dr. **Wilhelm Spreen.** Mit 34 Textabbildungen. (80 S.) 1925.
1.65 Reichsmark
13. Band: **Wie baue ich einen einfachen Röhrenempfänger?** Von **Karl Treyse.** Mit 28 Textabbildungen. (55 S.) 1925. 1.35 Reichsmark
15. Band: **Innen-Antenne und Rahmen-Antenne.** Von Dipl.-Ing. **Friedrich Dietsche.** Mit 25 Textabbildungen. (67 S.) 1925.
1.35 Reichsmark
16. Band: **Baumaterialien für Radio-Amateure.** Von **Felix Cremers.** Mit 10 Textabbildungen. (101 S.) 1925. 1.80 Reichsmark
17. Band: **Reflex-Empfänger.** Von ing.-radio **Paul Adorján.** Mit 60 Textabbildungen. (61 S.) 1925. 2.10 Reichsmark
18. Band: **Das Fehlerbuch des Radio-Amateurs.** Von Ing. **Siegmund Strauß.** Mit 75 Textabbildungen. (86 S.) 1925. 2.10 Reichsmark
19. Band: **Rufzeichen-Liste für Radio-Amateure.** Von **Erwin Meißner.** (140 S.) 1925. 3 Reichsmark
20. Band: **Lautsprecher.** Von Dr. **Eugen Nesper.** Mit 159 Textabbildungen. (145 S.) 1925. 3.30 Reichsmark; gebunden 4.20 Reichsmark
21. Band: **Funktechnische Aufgaben und Zahlenbeispiele.** Von Dr.-Ing. **Karl Mühlbrett.** Mit 46 Textabbildungen. (97 S) 1925.
2.10 Reichsmark

MIX
Papier aus verantwortungsvollen Quellen
Paper from responsible sources
FSC® C105338

If you have any concerns about our products,
you can contact us on
ProductSafety@springernature.com

In case Publisher is established outside the EU,
the EU authorized representative is:
**Springer Nature Customer Service Center GmbH
Europaplatz 3, 69115 Heidelberg, Germany**

Printed by Libri Plureos GmbH
in Hamburg, Germany